木竹功能材料科学技术丛书

傅　峰　主编

木质阻尼隔声材料

彭立民　王军锋　傅　峰
刘美宏　冯　云　何金蓉　著

科学出版社

北　京

内 容 简 介

本书对木质隔声材料的基本理论知识进行了阐述，介绍了国内外木质阻尼隔声材料的前沿研究成果和木质声学材料的评价与测试方法，探讨了木质阻尼复合材料的制备方法及影响因素，其研究成果将为后续木质阻尼复合材料的研究奠定一定的基础。

本书可为高等院校木材科学及声学相关专业的学生，以及科研单位从事相关研究的工作人员提供科学参考。

图书在版编目(CIP)数据

木质阻尼隔声材料 / 彭立民等著. —北京：科学出版社，2022.6

（木竹功能材料科学技术丛书）

ISBN 978-7-03-072463-2

Ⅰ. ①木… Ⅱ. ①彭… Ⅲ. ①阻尼－木质复合材料－吸声材料 Ⅳ. ①TB34

中国版本图书馆 CIP 数据核字(2022)第 099741 号

责任编辑：张会格 闫小敏 / 责任校对：杨 赛
责任印制：吴兆东 / 封面设计：刘新新

科学出版社 出版
北京东黄城根北街 16 号
邮政编码：100717
http://www.sciencep.com
北京建宏印刷有限公司印刷
科学出版社发行 各地新华书店经销
*
2022 年 6 月第 一 版 开本：787×1092 1/16
2023 年 1 月第二次印刷 印张：6 1/2
字数：150 000
定价：98.00 元
（如有印装质量问题，我社负责调换）

著 者 名 单

彭立民　　中国林业科学研究院木材工业研究所
王军锋　　广西壮族自治区林业科学研究院
傅　峰　　中国林业科学研究院木材工业研究所
刘美宏　　中国林业科学研究院木材工业研究所
冯　云　　中国林业科学研究院木材工业研究所
何金蓉　　中国林业科学研究院木材工业研究所

前　言

随着现代化工业进程的加快，噪声污染越来越严重，其不仅使人的工作和生活环境日益恶化，还影响人们的身心健康。工业噪声的危害已为人所熟知，并获得了有效治理，但室内噪声所带来的危害尚未引起人们足够的重视。室内噪声影响人们休息，降低学习及工作效率，给人们正常的生活和工作带来了极大的困扰。因此，降低室内噪声污染对营造一个良好的室内声学环境至关重要。

控制噪声的主要方式是对噪声声波进行吸收或阻隔，根据降噪原理主要将降噪材料分为两类：一类是吸声材料，声波入射到材料内部时，声波与基体之间形成摩擦、黏滞和共振作用，将部分声能不可逆地转化为热能而耗散掉，从而达到降噪目的。该类材料一般要求材质疏松，具有一定相互连通的孔隙且具有一定的气体渗透性。另一类是隔声材料，声波入射到材料表面，可阻隔噪声的传播或改变噪声传播的方向，减少透射到材料另一侧的声能，从而达到降噪目的。该类材料一般要求材质均匀、密实及质量高。在室内声学环境控制中，通过隔声材料降噪是最常用的有效方法。传统的隔声材料以单层匀质材料为主，如金属板、塑料板、石膏板、胶合板及水泥刨花板等。单层匀质材料主要通过增加厚度和面密度来提高隔声性能，这种方法既成本高，又给加工利用带来不便。复合隔声材料包括两种类型：一种是将两种颗粒状的材料经过施胶热压而制成的复合材料，主要通过增加复合板材的密实度及减小板材的孔隙率来提高隔声性能。这种材料制备工艺复杂，成本较高，且性能很难控制，因此具有一定的局限性。另一种是将不同材料通过层叠热压获得的多层复合隔声材料，这种材料质轻，厚度薄，隔声性能优良。目前，新型的复合隔声材料利用了隔声材料的隔声降噪机理、吸声材料的吸声降噪机理及阻尼材料的减振降噪机理，将隔声材料、吸声材料及高分子阻尼材料叠层复合，因此新型复合材料兼具隔声、吸声及阻尼性能，以达到综合的降噪效果。新型的复合隔声材料易加工成型、轻薄、经济且隔声性能优异。常见的叠层复合材料通过将具有一定强度的板材与具有阻尼降噪性能的高分子阻尼材料叠层复合制得。如何提高木质材料的隔声性能已成为目前重点研究的课题。

本书较全面地介绍了木质阻尼复合材料从制作到性能检测的各环节，着重介绍了木质阻尼复合材料结构性质对隔声性能的影响，从结构对称性、阻尼结构、多孔材料种类等多方位进行分析，并对相关力学性能进行了研究。

　　新型木质阻尼复合材料与时俱进，新产品新技术层出不穷，而作者水平有限，书中难免存在不足之处，恳请广大读者批评指正。

著　者

2021 年 5 月 1 日

目　　录

第一章　概　　述

第一节　声学基本知识

一、噪声的危害

江伟钰和陈方林（2000）认为，凡是能够干扰他人交流、影响他人思维活动且声音强度足以损害听觉器官或者其他妨碍正常活动进行的令人厌恶的声音，统称为噪声。我国噪声污染问题十分严重，主要原因在于一般社会成员对噪声的本质缺乏明确的认识。这往往带来两个后果，一是由于公民对噪声的概念理解不足而成为新的噪声源，这个过程中社会成员一般充当"造声者"而不是受声者；二是受主客观因素的影响，社会成员缺乏控制噪声的动力。因此，探讨噪声相关问题，首要的出发点是明确噪声的概念。

声音是否被人所需要主要取决于人当前所处的环境。噪声作为声音的一种，其对人产生的干扰也是由受声者的主观意志来评价的。个体之间的差异性，导致同一种声音对于不同个体所产生的感觉不同。"人们不需要的声音的总称"——用这样的表述定义噪声一般能为公众所接受。但作为科学术语，以这种含糊不清的非科学语言定义噪声极易引起对"噪声"这一概念本身的理解产生偏差。对于一种声音是否为噪声的判断并没有明确的标准，只能依据声音的客观形式与个体的主观评价相结合来判断。其中，人耳听到的声音是客观存在的物质，声音不被人所需要是个体主观意志的表达。从辩证法角度论，客观的声音通过物理学方法产生并在传播过程中受到了来自人主观因素的评价，同时人的主观评价反作用于客观声音的产生，从而引起声音的变化。也即，需要与不需要的声音之间发生了功能性的转化。对于同一客观声音，主观反应会出现两种情况：其一，对于同一声音，不同受声对象会产生相同的主观评价，即接受或排斥；其二，对于同一声音，不同受声对象会产生截然相反的主观评价，即或接受或排斥。也就是说，就同一声音而言，对人造成干扰的程度完全取决于人的主观表达。基于噪声定义涉及主客观方面的复杂性，可以将噪声分为绝对性噪声与相对性噪声。

绝对性噪声是指发出的声音被受声者所感知的过程不随客观条件而改变，这种声音能得到一般社会成员的共同评价，即难以为大多数人所需要而被判断为噪声。从物体之间能量转换的关系来看，绝对性噪声本质上属于"能量剩余物"，且"食之无肉、弃之有味"。而且当能量以声音的形式表现出来之后又被社会成员评价为无用的、令人厌恶的。

例如，用铁锤将钉子钉入木板，铁锤获得人的动能将钉子打入木板中，铁锤和钉子之间发生碰撞、摩擦产生声音。铁锤获得的能量分解为两部分：动能与势能部分被钉子吸收，通过铁锤敲打钉子"冲破"木板阻力传递到木板内；这一部分动能与势能之外的能量剩余物在能量转化过程中以其他形式被消耗殆尽，在这个过程中产生的声音便属于绝对性噪声。噪声长短与木板的厚度有关，木板越厚，铁锤与钉子之间的摩擦越频繁，产生的噪声时长越长。绝对性噪声还存在这样一种情形，它的发出不需要借助物体之间的能量转化，只是一种单纯的声音刺激，通常出现在特定空间中，但对工作与学习毫无益处，或者说毫无关系，如寝室室友的鼾声、宁静的课堂之外嘈杂的鸣笛声等都属于绝对性噪声。

与绝对性噪声相对立的一种噪声即相对性噪声。相对性噪声是指人们对客观存在声音的主观反应，是需要还是不需要，即主观意志层面需要对收到的声音信息作出判断，而这种判断过程与受声者目前所处的环境有关。例如，正常的言语交流是人与人之间沟通的重要形式，但交谈中大声喧哗不免令人反感，甚至在正常音量的交谈中，语言中充满污秽、谩骂性词汇也会让人心生厌恶。另一种是客观声音首先表现为无用的噪声，随着客观条件的变化转变成有用的声音。这种声音多数具有预警、告知的含义。例如，每年 9 月 18 日全国范围内都会拉响警报（120dB 以上）。战争年代，警报声预示着危险即将来临，提醒人们寻找安全的避险场所；和平年代，警报的作用在于提醒人们和平来之不易，应当缅怀先烈，居安思危。与警报声相类似的诸如救护车、警车的报警声等都属于相对性噪声。

综上所述，通过将噪声分为绝对性噪声与相对性噪声，既提高了我们对噪声本质的认识，又能让我们在生活中自觉控制噪声的产生，这对减少噪声污染、创造健康有益的有声环境将起到积极的作用。

18 世纪中叶进入工业革命以来，以机器取代人力的生产机械化和自动化带动工业、农业、交通运输业迅速发展，在给人类的生产和生活带来诸多便利的同时，也造成不可估量的污染。其中，噪声污染越来越严重，逐渐引起人们的重视，已经被列为环境治理的主要对象之一。为了合理防范和控制噪声，首先应明白噪声产生的根源，常见的噪声主要有社会噪声、工业噪声、建筑噪声和交通噪声。相关统计数据显示，近几年由于机动车辆拥有量的指数式增长，特别是在城镇，隔声设施不够完善，交通噪声占据城市噪声污染来源的 30%，已成为城镇噪声的重要组成部分；随着物质经济条件的丰裕，人们的社会生活变得多种多样，造成不可估量的噪声污染，社会噪声占据城市噪声污染来源的 40%；除此之外，城市噪声污染来源还包括建筑施工和工业生产，大约占 30%（刘美玲，2011）。噪声污染已越来越严重。据报道，近 30 年来在一些工业发达国家，城市噪声级增加 30dB,平均每年升高 1dB。按声能计算,每三年城市噪声的声能增加一倍,增加 30dB 相当于声能增加 1000 倍,可见噪声污染的增加速度之快。

有关数据显示,城市噪声污染来源的 30% 是多方面的,特别强的噪声源于道路交通、工业生产和建筑施工等。噪声的危害有影响设备正常运转,损害建筑结构等。噪声对人心理健康的危害也是不可忽略的,声音分贝的高低决定着人在当前环境中的生理状态。30dB 的声环境是人们普遍期望的惬意空间,同时带给人们极大的满意度和舒适感;当声环境超过 50dB,即超过城市区域环境噪声 0 类标准时,人们会产生轻度的厌恶感;噪声强度超过 75dB 时,使人感到焦虑,导致精神不振,同时对身体器官的影响也逐渐显现;噪声强度超过 90dB,则直接影响机体的多个生命系统,致使体内激素分泌过多,使人感到压抑和痛苦。噪声对人生理健康也有较大的危害,噪声首要的"攻击目标"为听力器官,即人耳。噪声首先损害听觉系统,导致听觉阈值升高。人们进入强噪声环境中,很快就会感觉到来自噪声的"攻击"而难以忍受,甚至产生头晕目眩的不良反应。如若长期暴露在强噪声里,人的听觉会在不知不觉中降低,即使意识到噪声对听力已经造成了损害,但听觉系统功能也无法恢复至正常状态。处于噪声场所中,人们会感觉时刻处于一种紧张的状态下,导致体内激素水平升高,引发心血管系统疾病。噪声暴露易引起大脑损伤。噪声刺激会明显增加作业人员罹患神经衰弱综合征的风险。同时,人的记忆和学习功能也会受到一定的干扰。噪声对机体的影响与噪声强度有直接的关系。当噪声强度达到 140dB,人们会出现视觉障碍、脉搏微弱甚至是呼吸困难。当噪声强度达到 160dB,会引发人体耳内出血、心率加快甚可能致人死亡。噪声容易使人疲劳,难以集中精力,从而使工作效率降低,对脑力劳动者尤其明显;长时间在强噪声环境中工作,会使内耳组织受到损伤,造成耳聋。当噪声强度超过 135dB 时,电子仪器的连接部位可能会出现松动,引线产生抖动,微调元件偏移,使仪器失效;在特强的噪声下,机械结构和固体材料产生疲劳现象而出现裂痕或断裂,在冲击波影响下,建筑会出现门窗变形、墙面开裂等。

二、声波的基本性质

声音是由物体振动产生的,而振动在弹性介质中传播的形式就是声波。通常将振动发声的物体称为声源。声源不一定都是固体,液体和气体的振动也会产生声音,如海上的浪涛声和火车的汽笛声。如果将一声源置于真空罩内,则声波不能传播。因此,声波的产生除了要有振动的物体外,还必须要有传播振动的介质物体,它可以是空气、水等流体,也可以是钢铁、玻璃等固体。介质将产生声波的物体的振动转变为附近介质粒子的振动,从而实现能量在介质中的传输。

按介质质点振动方向、波传播方向或波的形状等来划分，声波主要有以下几种类型。

(一)纵波和横波

纵波：指介质质点振动方向与波的传播方向平行的波。

横波：指介质质点振动方向与波的传播方向垂直的波，如石子投入水中在水面上产生的波。

(二)连续波和脉冲波

连续波和脉冲波的差别在于它们的波形连续与否。

连续波：介质的各质点均连续不断振动产生的波称为连续波，如正弦波。

脉冲波：如撞击发生的声波，这种非连续的脉冲波相对来说振动时间短，间歇周期长，波形在某一瞬间常常出现很高的峰值。

(三)平面波、球面波和柱面波

按波阵面的形状，声波可分为平面波、球面波和柱面波等。波阵面是指波传播时在同一时刻运动状态相同的相邻各点所形成的面。平面波是指波阵面为平面的波，球面波和柱面波是指波阵面分别为球面和柱面的波。

声波传播时，粒子振动方向与能量传递方向平行。声波在空气和液体中的传播形式一般是纵波，而在固体中的传播方式既有纵波也有横波。当声波为纵波，其纵向振动导致介质的压缩和变稀。波长和频率是声波的重要参数。波长是声波在介质中传播一个完整周期的距离。频率是介质粒子振动的频繁程度，表示为每秒时间内完成的周期数。声波在介质中传播时，介质粒子以相同的频率振动。只有当声波传入另一种介质时，频率才会发生变化。

三、可听声的定义

物体振动是声音产生的根源，但并不是物体发生振动后一定会使人感知到声音。因为人耳能感觉到的声音频率范围只有 20～20 000Hz，这个频率范围的声音称为可听声，频率低于 20Hz 的声音称为次声波，频率高于 20 000Hz 的声音称为超声波。对人耳来说，次声波和超声波都是感知不到的。

描述声音高低的物理量是频率；描述声音强弱的物理量有声压、声强、声功率及各自相应的等级；描述声音大小的主观评价指标是响度及其等级。噪声由随机分布的多种频率的声波混合形成。因此，噪声一般可以解析为具各自声压等级的频带的谱图。可听声主要频率的波长如表 1-1 所示。

表 1-1　可听声主要频率的波长

频率/Hz	20	50	100	250	500	1 000	2 000	4 000	8 000	20 000
波长/m	17	6.8	3.4	1.36	0.68	0.34	0.17	0.085	0.043	0.017

四、声波的速度

声速是声波传播距离与时间的比例，它取决于介质的性能——惯性和弹性。密度就是介质的惯性性能。介质中粒子的惯性越大，对附近粒子扰动的响应就越小，从而使声波的传播变慢。在其他参数相同的情况下，声波在低密度介质中的传播比在高密度中快。弹性性能与介质材料在应力或应变作用下抵抗变形或保持形变的趋势有关。弹性模量可反映材料的弹性性能，如钢铁的弹性模量就高于橡胶，即钢铁的弹性性能强于橡胶。在分子级别上，高弹性模量材料的粒子间作用力非常强，当施加应力时，粒子间的强相互作用力可以阻止材料变形并有助于材料形状的保持。因此，材料的相态对声速有极大的影响。总之，固体具有最强的粒子间作用力，然后依次是液体和气体。所以，在固体中声波的传播比在液体中快，尽管声波的速度可以由频率和波长计算，但在物理上并不取决于这些参数。声波在一些材料中的传播速度如表 1-2 所示。

表 1-2　声波在一些材料中的传播速度

材料名称	传播速度/(m/s)	材料名称	传播速度/(m/s)
混凝土	3100	松木	3600
砖	3700	软木	500
玻璃	3658	水	1410
铁	4800	大理石	3800
铝	5820	花岗岩	6000

五、声音的传播与衰减

当声源振动时，其邻近的空气分子发生交替的压缩和扩张，形成疏密相间的状态，空气分子时疏时密的状态依次向外传播(图 1-1)。

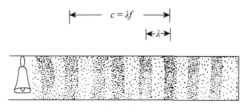

图 1-1　声音传播示意图

　　声源的振动是按一定的时间间隔重复进行的，振动是具有周期性的，使声源周围介质发生周期性的疏密变化。在同一时刻，从某一个最稠密(或最稀疏)的地点到相邻的另一个最稠密(或最稀疏)的地点之间的距离称为声波的波长(λ)。振动重复的最短时间间隔称为周期(T)。周期的倒数，即单位时间内的振动次数，称为频率(f)。介质中的振动逐渐由声源向外传播，这种传播是需要时间的，即传播的速度是有限的，这种振动在介质中传播的速度称为声速(c)。

　　在空气中，声速为

$$c = 331.45 + 0.61t_0 \tag{1-1}$$

式中，t_0 是空气的摄氏温度。可见，声速 c 随温度会有一些变化，但是一般情况下变化不大，实际计算时常取 c 为340m/s。

　　显然，这些物理量之间存在以下相互关系：

$$\lambda = c / f \tag{1-2}$$

$$f = 1/T \tag{1-3}$$

　　声波传播时，介质中各点的振动频率都是相同的。但是，在同一时刻各点的相位不一定相同，同一质点在不同时刻也会具有不同的相位。所谓相位是指在时刻 t 某一质点的振动状态，包括质点振动的位移大小和运动方向，或者压强的变化。如图1-2所示，质点A、B以相同频率振动，但是B比A在运动时间上有一定的滞后，C、D、E等质点在时间上依次相继滞后，当A质点处于最大压缩状态，即压强达到最大时，B、C、D、E质点处的压强递次减小，以至于E点处于最大膨胀状态。这就是说质点间在振动相位上依次落后，存在相位差。正是由于各个质点的振动在时间上有超前和滞后，才在介质中发

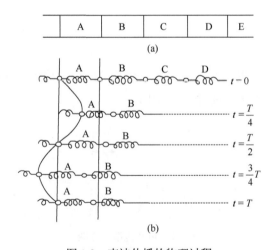

图1-2　声波传播的物理过程

生波的传播。可以看出，距离为波长 λ 的两质点间的振动状态是完全相同的，只不过后者在时间上延迟了一个周期($1T$)。

声波作为机械波的一种，具有波传播时的一切特性。声波通常会到达介质的边界，并进入另一种介质。声波在两种介质边界处的行为，称为边界行为。当声波到达另一介质时，会有 4 种可能的边界行为。声波在前进过程中，遇到尺寸比其波长大得多的障碍物时，就会发生反射；当遇到尺寸较小的障碍物或孔隙时，就会发生衍射，由于衍射现象同障碍物尺寸与声波波长的比值有关，低频噪声更容易发生衍射；声波透过界面进入新介质为透射；折射伴随反射出现，速度和方向会发生相应变化。声波反射能量取决于两种介质的性质差异，差异小时，反射能量少，透射能量多，声波在传播中不断衰减。声波衰减的主要原因：①当声波从声源向四面八方辐射时，波前的面积随传播距离的增加而不断扩大，声波扩散，通过单位面积的声能相应减少；②由于传播介质的黏滞性、热传导和分子弛豫过程等，声波被吸收。这两者均使声波的声能在传播过程中不断地转化为其他形式的能量，从而导致声强不断衰减。

第二节　隔声机理与隔声材料

一、隔声机理

噪声控制可以从声源控制、传播途径控制和受害者保护三个方面来实现，在很多实际应用中，受条件的限制，难以从噪声源上降低噪声，这时需要在传播途径中控制噪声的传播。控制噪声的主要方式是对噪声声波进行吸收或阻隔，根据降噪原理将降噪材料主要分为两类：一类是吸声材料，声波入射到材料内部时，声波与基体之间发生摩擦、黏滞和共振作用，将部分声能不可逆地转化为热能而耗散掉，从而达到降噪目的。该类材料一般要求材质疏松，具有一定相互连通的孔隙且具有一定的气体渗透性。另一类是隔声材料，声波入射到材料表面，可阻隔噪声的传播或改变噪声传播的方向，减少透射到材料另一侧的声能，从而达到降噪目的。该类材料一般要求材质均匀、密实及质量高。在室内声学环境控制中，通过隔声材料降噪是最常用的有效方法。

(一)隔声理论研究历史与现状

在 19 世纪 90 年代，Rayleigh（1896）提出了不可压缩无限大墙体的隔声理论，并以此推导出计算薄壁隔声量的质量定律公式，即隔声墙的隔声量和墙体的密度成正比，墙体越厚重，隔声性能就越好；在 20 世纪 40 年代，Cremer（1942）提出了吻合效应，理论基础是弹性力学理论，吻合效应是指对于无限大的隔声板，当入射声波的波长等于板的弯曲波长时，隔声量会下降，发生吻合效应时的频率称作临界频率，吻合效应解释了隔声质量定律无法解释的传递损失频率曲线上的隔声低谷；London（1949）介绍了混响室中单层实心和双层墙体隔声量的理论计算，并介绍了阻尼力阻，探讨了材料阻尼对隔声量的影响；Heckle 讨论了有限尺寸墙体对隔声量的影响，使隔声理论可以应用于低频声波（Liang and Jiang，2012）。

近代以来，材料科学工程领域的研究人员对固体材料的隔声原理进行了大量的探索，基于声学理论基础，建立了隔声物理模型，推导出有实用价值的隔声量数学模型，这些模型为我们当下开发新的隔声材料奠定了理论基础。采用传统的吸隔声技术，能够有效隔离噪声中的中高频成分，但低频噪声具有传播距离远、透声能力强、隔离难度大等特点，一直是噪声控制的一项难题。传统隔声材料的低频隔声量遵循质量控制定律，难以有效地隔离低频噪声(张玉光，2014)。为了提高针对低频段的隔声性能，传统隔声材料往往通过增加面密度来实现。面密度越大，惯性阻力越大，结构就越不容易振动，隔声效果就得到了提高。然而这种隔声方式以增加材料重量为代价，在很多场合下是不适用的。

(二)隔声性能指标：透声系数与隔声量

如图 1-3 所示，声波从声源处开始在介质中传播，遇到具有一定厚度的屏蔽物时，首先声波发生反射，被反射的一部分声能称为反射声能 E_r；另外一部分声能可以穿透屏蔽物进入屏蔽物右侧，即材料无法阻隔的透射声能 E_t；还有一部分既不会被反射也没有穿过屏蔽物，而是被屏蔽物内部吸收引发屏蔽物自身的振动而转变为热能消耗掉的声能，即吸收声能 E_i。选用合适的材料作为屏蔽物可以在一定程度上减缓声音的传播，削弱声能。隔声的过程如图 1-3 所示。入射声波声能 E_o 的衰减情况如式(1-4)所示。

$$E_o = E_i + E_r + E_t \tag{1-4}$$

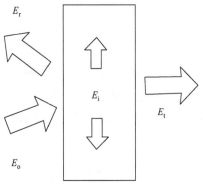

图 1-3　隔声示意图

评价一种材料隔声性能如何，可以用穿透材料的透射声能 E_t 与入射到材料表面的入射声波声能 E_o 的比值即透声系数 τ_t 来表示，材料的透声系数越大，那么材料对声能的阻隔作用就越小；评价一种材料吸声性能如何，可以用吸收声能 E_i 与入射到材料表面的声能 E_o 的比值吸声系数 τ_i 表示；反射系数用 τ_r 表示，即反射声能 E_r 与入射声能 E_o 的比值。透声系数的计算如式(1-5)所示。

$$\tau_t = E_t / E_o \tag{1-5}$$

人对声音的响度有直观的感受，但不太容易对声能进行量化，透声系数 τ_t 这一声能与声能的比值不适宜用来定量表示隔声材料及构件的隔声性能，并且在做理论计算时不易量化比较，因此可以采用更合适的指标——隔声量，即声能传递损失量来量化材料及构件的隔声性能。隔声量用字母 R 表示，传递损失量用 TL 表示，单位为 dB，在评价隔声材料的隔声性能时二者等同。传递损失量可以用文字描述为对透声系数取倒数后取其以 10 为底的对数的 10 倍，如式(1-6)所示。传递损失量与透声系数成反比，τ_t 越小，TL 越大，材料的隔声效果越好。

$$TL = 10\lg(1 / \tau_t) \tag{1-6}$$

在建筑声学中，对噪声测量和评价大都采用 1 倍频程或 1/3 倍频程。使用 1/3 倍频程的原因是人耳及听觉神经对声音频率的辨别能力不足以细化到每一个单一频率，只能大致地分辨某一频带，1/3 倍频程是一种比较符合人耳特性的频带划分方法，本研究测量的传递损失量与频率数据采用 1/3 倍频程。

二、隔声材料

传统的隔声材料以单层匀质材料为主，如金属板、塑料板、石膏板、胶合板及水泥刨花板等。目前，新型的隔声材料利用了隔声材料的隔声降噪机理、吸声材料的吸声降噪机理及阻尼材料的减振降噪机理，将隔声材料、吸声材料及高分子阻尼材料叠层复合，使获得的新型复合材料兼具隔声、吸声及阻尼性能，以达到综合降噪效果。新型的隔声复合材料易加工成型、轻薄、经济且隔声性能优异。常见的叠层复合材料通过将具有一定强度的板材与具有阻尼降噪性能的高分子阻尼材料叠层复合制得。

(一)单层匀质材料

单层均质板是最基本的隔声结构，在生产和生活中广为使用。对于均质板来说，共振频率和吻合频率对隔声性能的影响很大。当入射声波的频率与隔声材料本身的固有频率一致时，板结构发生共振，这时的入射频率称为共振频率，在共振频率处，隔声量达到最小。声波斜入射时，其同一波阵面上的各点先后到达薄板表面，当平面波在板上的干扰力分布和板中弯曲波的空间分布一致时，薄板的弯曲振动频率达到最大值，由于薄板振动而向板另一侧辐射的声能也达到最大值，从而使隔声量大大降低，这种情况称为吻合效应。引起吻合效应的频率为吻合频率。在声波主要频率范围内，板的隔声性能受质量定律控制。质量定律表明，在低频段，板结构的隔声量很小，难以满足工程中对材料隔声性能的要求。提高均质板的隔声性能往往需要增加隔声材料的厚度和重量，这种方法既增加单层匀质材料的成本，又给其加工利用带来不便。

(二)复合隔声材料

复合隔声材料包括两种类型：一是将两种颗粒状的材料经过施胶热压而成的复合材料，主要通过增加复合板材的密实度及减小板材的孔隙率来提高复合隔声材料的隔声性能。这种材料制备工艺复杂，成本较高，板材的性能很难控制，因此具有一定的局限性。二是将不同材料通过层叠热压获得的多层复合隔声材料，这种材料质轻，厚度薄，隔声性能优良。轻质隔声材料的隔声性能还取决于有无阻尼涂层及表面是否装有吸声材料。将耗散较大的黏弹性阻尼材料填充、黏合或涂在隔声材料表面或内部形成阻尼结构，通过阻尼耗散可以提高隔声材料在共振频率和吻合频率处的隔声量。当板结构发生弯曲振动时，阻尼层不断地受到拉伸与压缩，从而耗散振动能量，达到减振降噪的效果。

采用加筋或夹层结构，可以提高材料劲度(刚度)控制区的隔声性能。材料的隔声性能在低频段受结构刚度控制，加筋或夹层结构具有强度高、刚度大等优点，可以提高隔声材料刚度控制区的隔声性能，从而阻隔一些特定场合下的低频噪声。然而，这类加筋或夹层结构在大型构件中应用时，由于共振频率很低，刚度控制区频率范围低于听觉阈值，对可听声频段的低频噪声影响甚微。同时，由于筋板或芯材的刚性连接，在第一和第二层板结构之间形成了声桥，第一块板的振动通过声桥传到第二块薄板上，因此在第二块薄板原有的声激励振动上附加了振动，增大了向透射面辐射的噪声声能，导致针对其他频段的隔声性能下降。

不同材料组合形成的多层复合材料具有良好的声学性能，根据控制噪声的机理将复合材料分为以吸声为主的多层复合材料和以隔声为主的多层复合材料。依靠吸声机理来达到降噪目的的多层复合材料由多层多孔材料、穿孔板、空腔等组成，以隔声机理为主的多层复合材料由点阵结构、板材、多孔材料、蜂窝结构组合来实现降噪效果。多层复合材料吸声隔声性能的研究方法主要有传递函数法、波动理论、声电类比法、数值分析、试验法等。数值分析法又分为有限元法、边界元法和统计能量法，试验法主要有阻抗管法和混响室-消声室法。

(三)多孔隔声材料

多孔材料梯度复合结构、多孔材料与空腔组合、穿孔板和多孔材料组合等多种形式的多层复合材料主要依据材料的吸声性能来达到降噪的目的，声波在复合材料中传播会损耗声能，通过对多层复合材料的吸声曲线进行分析来判断复合结构的吸声效果。

关于声波在多孔材料中传播损耗的研究，最早的是 Biot（1957）进行的理论研究，Champoux 等（1988）、Allard 和 Champoux（1998）学者在 Biot 基础上进行了改进，使其成为描述多孔材料声学性能的经典理论，在多个领域得到广泛应用。

使用 Biot 理论模型对多孔材料分析涉及过多的参数，并且参数具有不确定性，通过理论进行数值求解会有很大的难度。后来有很多学者在此基础上进行简化，研究用等效流体模型来模拟多孔材料。Delany 和 Bazley（1970）对纤维类吸声材料进行了大量的试验测试，总结得出 Delany-Bazley（DB）经典模型在低频段的计算结果并不准确，在高频段比较准确。Wilson（1993）提出的应力释放模型比 Delany-Bazley 经典模型的计算结果更准确，Wilson 模型考虑了黏滞效应和热损耗。1998 年 Allard 和 Champoux 根据黏特征长度与热特征长度提出了关于多孔材料动态压缩率及动态体积模量的一种新模型，此模型修正了 Johnson 等（1987）模型在低频和高频的前置量。1999 年卢天健等对泡沫铝进行了吸声性能分析，分析了厚度、孔径尺寸等因素对吸声性能的影响。

多孔材料的声学参数目前主要通过两种方法得到，一种是通过测试技术得到，此方法的成本高，对实验室的环境要求很高，测试过程复杂。另一种是通过逆推法得到，利用多孔材料等效流体模型理论和阻抗管测试数据，通过优化算法来逆推未知的声学参数，此方法相对测试技术既节约了经济成本又减少了材料的损耗，准确度也有保证。特征长度和曲折因子参数的测试方法主要为超声波测试，此方法更适用于纤维类多孔材料，对泡沫类多孔材料的误差较大（Henry et al.，1995）。Atalla 和 Panenton（2005）基于 JCA 模型（Johnson-Champoux-Allard model）进行参数逆推，根据多孔材料的表面阻抗及流阻率等已知参数，逆推得到了特征长度及曲折因子，并与试验结果进行对比验证。2013 年朱建利用 JCA 模型通过禁忌算法和遗传算法对多孔金属材料进行了参数逆推。2017 年王连会分别通过禁忌算法和多岛遗传算法对聚氨酯泡沫等多孔材料进行了声学参数逆推。2018 年陈文清利用 JCA 模型和 JCAPL（Johnson-Champoux-Allard-Pride-Lafarge）理论模型对多孔金属泡沫铝进行了声学参数逆推，并通过理论对逆推数值进行了验证。2018 年王永华等设计了一个试验台，可以对毛毡类多孔材料的各种声学参数进行测试。

多孔金属梯度复合材料吸声性能的分析方法有两种：一是先将多孔金属材料按照梯度顺序排列后再进行烧结处理；二是将多孔材料先进行烧结处理，再按照梯度顺序进行排列。1998 年 Jain 等通过传递函数法计算了声波在垂直入射和随机入射情况下在多层材料中的传递损失。2007 年汤慧萍等对不锈钢纤维孔隙率呈梯度排列的复合结构通过驻波管法进行了试验测试，对其吸声性能进行了分析。2015 年徐颖等通过试验测试了由铜纤维和超细不锈钢纤维制备的混合纤维多孔材料的吸声性能。2015 年 Pieren 和 Heutschi 使用等效电路模型预测了多层棉织物的吸声效果。2016 年马宗俊通过有限元软件 COMSOL 仿真分析了渐变孔隙率泡沫金属的吸声性能，使用 JCA 等效流体模型来模拟泡沫金属，并根据传递函数法的理论结果对仿真结果进行了验证。2018 年 Liu 等研究了 2000～4000Hz 频率多层泡沫镍的吸声性能，分别测试了 5 层泡沫镍结构、含有背腔的 5 层泡沫镍结构，以及泡沫镍和空气层相互交替复合结构的吸声性能，泡沫镍和空气层相互交替复合材料的吸声效果最好。2018 年敖庆波等以孔隙率和丝径为变量将不锈钢纤维材料排列成梯度结构后先进行烧结处理，再通过试验测试分析了多层复合材料的吸声性能。

　　由于多孔材料在高频段的吸声效果好，为了提高其在低频段的吸声性能，可以通过增加多孔材料的厚度来实现，但受制于工程成本及实际的应用环境，不能无限地对多孔材料进行加厚。穿孔板在低频段的吸声效果好，研究人员将穿孔板与多孔材料进行组合，研究了穿孔板与多孔材料组成的多层复合材料的声学性能。2015 年裴春明等利用多孔材料来拓宽微穿孔板的吸声频带，分析了多孔材料处在微穿孔板不同位置时复合材料的吸声性能，并通过阻抗管进行了试验验证。2017 年 Liu 等研究了微穿孔板和多孔材料组成的复合结构的吸声性能，通过传递函数法来对复合结构进行理论计算，通过阻抗管进行了试验验证，添加多孔板可以有效提高多层复合材料在低频段的吸声效果。

参 考 文 献

敖庆波，王建忠，李爱君，等. 2018. 梯度纤维多孔材料的吸声特性及结构优化[J]. 稀有金属材料与工程，47（2）：697-700.
陈前火，连锦明，童庆松. 2002. 室内环境污染及其危害与预防措施[C]//首界国家室内环境与健康研讨会论文集. 北京：首届国家室内环境与健康研讨会.
陈望军. 2019. 噪声污染对大鼠神经内分泌系统的影响[D]. 兰州：甘肃政法大学硕士学位论文.
陈文清. 2018. 多孔材料参数反演及其在消声器仿真中的应用[D]. 贵阳：贵州大学硕士学位论文.
董福祥. 2020. 多层复合材料吸隔声性能分析与测试[D]. 淄博：山东理工大学硕士学位论文.
方丹群，王文奇. 1983. 噪声控制技术[M]. 上海：上海科学技术出版社.
冯薪谕. 2014. 室内环境噪声对认知能力影响的实验研究[D]. 重庆：重庆大学硕士学位论文.
高蕴. 2008. PVC 纺织隔声复合材料的性能研究[D]. 杭州：浙江理工大学硕士学位论文.
胡耐根. 2011. 噪声对生物的影响[J]. 科技信息，（25）：131-132.
霍瑜姝，王聪，李鸢妹. 2010. 噪声危害与治理[J]. 企业技术开发，29(7)：81-85.
江伟钰，陈方林. 2000. 资源环境法研究及应用[M]. 北京：中国政法大学出版社.
李思远，杨伟，杨鸣波. 2004. 降噪高分子材料及其应用[J]. 工程塑料应用，32(5)：70-73.
刘美玲. 2011. 环境噪声污染的危害与防控[J]. 科技资讯，（15）：158.
马大猷. 2002. 噪声与振动控制工程手册[M]. 北京：机械工业出版社.
马宗俊. 2016. 渐变孔隙率泡沫金属吸声性能的研究[D]. 北京：华北电力大学硕士学位论文.
裴春明，周兵，李登科，等. 2015. 多孔材料和微穿孔板复合吸声结构研究[J]. 噪声与振动控制，35(5)：35-38.
施丽莉. 2004. 低频噪声烦恼度实验室研究[D]. 杭州：浙江大学硕士学位论文.
汤慧萍，朱纪磊，王建永，等. 2007. 不锈钢纤维多孔材料的吸声性能[J]. 中国有色金属学报，（12）：1943-1947.
王连会. 2017. 汽车多孔材料吸声性能分析与优化[D]. 长春：吉林大学硕士学位论文.

王小雪，刘群，程钟书. 2010. 浅析吸声降噪材料[J]. 网络财富，（15）：205.

王永华，武海权，刘哲明，等. 2018. 一种快速测试多孔介质声学特征参数的方法[J]. 长春理工大学学报（自然科学版），41：85-89.

王玉琳. 1990. 木质人造板材的隔声性能[J]. 建筑人造板，（2）：2-7.

吴铭权. 2006. 室内噪声的危害与控制[J]. 环境与健康杂志，23（2）：189-192.

徐颖，李珊，王常力，等. 2015. 不锈钢纤维多孔材料吸声性能的研究[J]. 西北工业大学学报，（3）：401-405.

张国华，刘维，郭应祖. 2017. 关于噪声引起的职业病的危害分析及预防探讨[J]. 临床医药文献电子杂志，4（16）：3166.

张立，盛美萍. 2005. 低频宽带共振吸声结构与原理[J]. 陕西师范大学学报（自然科学版），33（2）：59-61.

张彦，周心艳，李旭祥. 1996. 发泡聚合物-无机物复合吸声材料的研究[J]. 噪声振动与控制，（3）：33-35.

张玉光. 2014. 薄膜型声学超材料隔声特性研究[D]. 长沙. 国防科技大学博士学位论文.

钟祥璋. 2012 建筑吸声材料与隔声材料[M]. 北京：化学工业出版社：76.

朱建. 2013. 多孔金属材料声学参数表征与确定方法研究[D]. 银川：宁夏大学硕士学位论文.

Allard J，Champoux Y. 1998. New empirical equations for sound propagation in rigid frame fibrous materials[J]. The Journal of the Acoustical Society of America，91（6）：3346-3353.

Arenas J P，Crocker M J. 2010. Recent trends in porous sound-absorbing materials[J]. Sound & Vibration，44（7）：12-17.

Atalla Y，Panenton R. 2005. Inverse acoustical characterization of open cell porous media using impedance tube measurements[J]. Optik-International Journal for Light and Electron Optics，33（1）：11-24.

Biot M A. 1957. The elastic coefficients of the theory of consolidation[J]. J Appl Mech，24（2）：594-601.

Champoux Y，Nicolas J，Allard J F. 1988. Measurement of acoustic impedance in a free field at low frequencies[J]. Journal of Sound & Vibration，125（2）：313-323.

Cremer L. 1942. Theory of the sound attenuation of thin walls with oblique incident[J]. Architectural Acoustics，Bechmark papers in Acoustics，10：367-399.

Delany M E，Bazley E N. 1970. Acoustical properties of fibrous absorbent materials[J]. Applied Acoustics，3：105-116.

Di Bella G，Calabrese L，Borsellino C. 2012. Mechanical characterization of a glass/polyester sandwich structure for marine applications[J]. Mater Des，42：486-494.

Dickey N S，Selamet A. 1996. Helmholtz resonators：one-dimensional limit for small cavity length-to-diameter ratios[J]. Journal of Sound and Vibration，195：512-517.

Henry M，Lemarinier P，Allard J F, et al. 1995. Evaluation of the characteristic dimensions for porous sound-absorbing materials[J]. Journal of Applied Physics，77（1）：17.

Jain N，Panneton R，Debergue P. 1998. A mixed displacement-pressure formulation for poroelastic materials[J]. The Journal of the Acoustical Society of America，104（3）：1444-1452.

Johnson D L，Koplik J，Dashen R. 1987. Theory of dynamic permeability and tortuosity in fluid-saturated porous media[J]. Journal of Fluid Mechanics，176：379-402.

Liang J Z，Jiang X H. 2012. Sound insulation in polymer/inorganic particle composites. I. Theoretical model[J]. Journal of Applied Polymer Science，125（1）：676-681.

Liu P，Xu X，Cheng W, et al. 2018. Sound absorption of several various nickel foam multilayer structures at aural frequencies sensitive for human ears[J]. Transactions of Nonferrous Metals Society of China，28（7）：1334-1341.

Liu Z，Zhan J，Fard M, et al. 2017. Acoustic properties of multilayer sound absorbers with a 3D printed micro-perforated panel[J]. Applicd Acoustics，121：25-32.

London A. 1949. Transmission of reverberant sound through single walls[J]. Journal of Research of National Bureau of Standards，42：605.

Lu T J，Hess A，Ashby M F. 1999. Sound absorption in metallic foams[J]. Journal of Applied Physics，85（11）：7528.

Nagaya K，Hano Y，Suda A. 2001. Silencer consisting of two-stage Helmholtz resonator with auto-tuning control[J]. Journal of the Acoustical Society of America，110：289-295.

Pieren R，Heutschi K. 2015. Predicting sound absorption coefficients of lightweight multilayer curtains using the equivalent circuit method[J]. Applied Acoustics，92：27-41.

Rayleigh L. 1896. Theory of Sound[M]. 2nd ed. Cambridge： Cambridge University Press.

Selamet A，Ji Z L. 1999. Acoustic attenuation performance of circular expansion chambers with extended inlet/outlet[J]. Journal of Sound and Vibration，233：197-212.

Selamet A，Lee I. 2003. Helmholtz resonator with extended neck[J]. Journal of the Acoustical Society of America，113：1975-1985.

Wilson D K. 1993. Relaxation-matched modeling of propagation through porous media，including fractal pore structure[J]. Journal of the Acoustical Society of America，94：1136-1145.

Xie G，Thompson D J，Jones C J C. 2006. A modeling approach for the vibroacoustic behavior of aluminums extrusions used in railway vehicles[J]. Journal of Sound and Vibration，293：921-932.

第二章 国内外研究现状

为了有效治理噪声，创造良好的声学环境，国内外学者主要将具有不同声学性能的材料通过一定的技术手段进行复合，创造出具有优良隔声性能的新型隔声材料，通过优化材料的参数及对复合结构不断改良设计，提高其隔声性能。

第一节 木质复合材料隔声理论模型的研究进展

一、建筑声学理论

现有木质复合材料隔声理论及研究模型都依托于建筑声学理论。在墙体隔声理论研究方面，19世纪末，瑞利在其名著 *Theory of Sound* 中提出不可压缩无限大墙体的隔声理论，并推导出了计算薄墙阻尼力阻的著名的"质量定律"（mass of law）。1942年，Cremer在对无限大板传递损失进行研究时引用弹性力学理论发现了声波投影波长与板弯曲波长符合时的吻合效应，使原先质量定律不能描述的出现在实际构件传递损失曲线上的低谷现象得到了解释。之后，Cremer和London（1948）又分别引入复弹性模量与阻尼力阻研究了材料内阻尼对传递损失的影响，其中，London提出了混响声场中单层实心墙和双层墙的隔声量计算理论。Maidanik和Wallace提出了混响声场中板的振动模态辐射阻抗概念，为振动板的声辐射特性给出了合理的描述。这些有代表性的研究工作为隔声构件的现代隔声理论提出奠定了基础。周海宾（2006）运用统计能量分析，研究了双层墙中声桥及中心吸声层对墙体隔声性能的影响，将预测结果与实测值进行对比分析，对原有公式进行了修正。

二、多孔材料声学理论

由于木材是一种多孔性结构材料，因此在研究木质复合材料隔声性能时必须注重其多孔性的影响。对于多孔性材质，当声波进入材料后，由于声波在多孔材质中传播会引起材料空腔内部空气振动，空气与其内壁产生黏滞摩擦作用，摩擦使材料内部产生能量；同时材料内部空气存在密度梯度，随着声波的传递，材料内部产生温度梯度；另外，声波的传递会引起材料的振动，从而损耗声波的能量。建立木质材料微观参数与声学性能之间的关系，对于预测木质复合材隔声性能具有重要的意义。当平面波在木材中传播时，考虑到木材的多孔性及声波传播所引起的黏滞摩擦等影响，需将木材等效为某一种特定的介质，通过研究这一特定介质的隔声性能进而模拟预测木质材料的声传播特性。该理论模型主要涉及特定介质的等效体积模量及等效密度，通过对材质进行显微构造研究，能够直接了解木质材料的声传播特性。

现有理论主要基于 Delany-Bazley 理论，其主要观点为声音在各向同性均匀材料中的传播由两个变量决定：特性阻抗和传播系数。多孔隔声材料中各种材料常呈现出按层分布的特征，使得这些材料具有各向异性。通过只考虑给定方向的平面波传播，各向同性要求可以放宽。通过对比单位厚度的流动阻力，可以对隔声性能进行简单评估。将隔声材料的流动阻力作为自变量，运用指数函数对多孔材料流动阻力与特性阻抗及传播系数之间的相互关系进行理论分析，从而对多孔隔声材料的隔声性能进行评估研究。

但是 Delany-Bazley 理论模型在声波低频段的声学拟合效果并不显著，是因为多孔材料其内部各材料排列及制作工艺存在可变性。随后，Biot（1956）在原有理论模型的基础上对平面波在弹性介质中传播的理论模型进行了修正。Miki（1990）引入了孔隙率、曲折度等材料微观参数，进一步改善了理论模型的准确度。Allard 等（1991）运用上述理论模型研究了玻璃纤维的声学特性，将理论预测值与实测值相比较，两组数据相关性很好。

三、层合板声学理论

目前对层合复合隔声材料的降噪机理缺乏系统理论分析，一般认为其降噪机理如下：利用声波在层合复合材料不同介质的多层界面上发生反射的原理，使声波能量在多个界面反射，耗散声波能量；声波每遇到一个界面，均发生一次反射和透射，反射波又在两界面间的介质中发生多次反射。因此，层合复合材料的隔声效果更高。对于层合复合材料，中间层复合材料的各个单层应软硬相接，以便能够更好地消除共振及耗散能量。当声波传递到材料时，会使材料发生拉伸、压缩、剪切等各种变形，从而储存和耗散更多的能量。对于单层板，当平面波向单层板投射时，在板内除了产生膨胀波，还会激发弯曲波，当入射波与弯曲波相位一致时，两者相互叠加。随弯曲波传播，单板振动随距离增加越来越强的这种现象是吻合效应。当层合复合材料达到临界频率时，由于中间层对声能的吸收与耗散，层合复合材料的隔声量大幅提高，优于单层板的隔声效果，同时，由于中间层能够起到阻尼作用，层合复合材料的共振现象减弱。

第二节　木质材料隔声性能的研究进展

由于木质材料的密度较低，其隔声性能较差，达不到理想的隔声效果。厚度为 2mm

的钢板的计权隔声量与 35mm 厚刨花板或 40mm 厚胶合板的计权隔声量相当。常用木质材料隔声量随频率的变化列于表 2-1。

表 2-1　木质材料隔声量随频率的变化

材料	厚度/mm	面密度/(kg/m^2)	隔声量/dB						
			12Hz	25Hz	50Hz	100Hz	200Hz	400Hz	平均
胶合板	6	3	11	13	16	21	25	23	18.2
	12	8	18	20	24	24	25	30	23.5
	40	24	24	25	27	30	38	43	31.2
木质刨花板	6	4.5	18	18	22	27	32	31	24.7
	20	13	24	27	26	27	24	33	26.8
	35	17	21	23	27	28	24	29	25.3
软质纤维板	12	3.8	13	12	17	23	29	32	21.0
硬质纤维板	5	5.1	21	21	23	27	22	36	26.8

从表 2-1 可知，胶合板的厚度从 6mm 增加到 40mm 时，其平均隔声量增加 13dB，胶合板的厚度增加，其平均隔声量也随之增加。对于同一种木质板材，厚度增加，即面密度增大，其平均隔声量也随之提高，遵循隔声质量定律。但是将不同种类的木质材料进行对比时，其平均隔声量并不完全随着厚度及面密度的增加而提高。由此说明板材的隔声性能除了受厚度及面密度的影响外，还受其他因素影响。因此一些学者研究了木质材料层数、厚度、密度及弹性模量等参数对其隔声性能的影响规律，结果表明通过增加木质材料层数、厚度、密度及弹性模量可以改善木质材料的隔声性能。

Sipari(2007)测量了 27 种芬兰常用建筑木质板材的隔声性能，结果表明不同的木质材料，其损耗因子、面密度及弹性模量均不同，此研究为改善木质材料隔声性能提供了新的思路。为了提高木质材料的隔声性能，除了增加厚度及面密度，还可以通过改善木质材料的弹性模量及损耗因子等参数来实现。根据 27 种板材隔声性能的对比，可以得出用作隔声材料的木质板材应该具有的特征。不同的木质材料应通过改善不同的参数来提高其隔声性能，对于刨花板，主要通过增加密实度及减少内部孔隙率来提高隔声性能。将马来甜龙竹制成不同尺寸刨花，采用异氰酸酯胶黏剂将其分别压制成密度为 0.5g/cm^3 和 0.8g/cm^3 的两种刨花板，对比两种刨花板的隔声性能发现，高密度刨花板的隔声量比低密度的高出 15dB。另外，刨花尺寸的大小对隔声性能具有很大的影响，刨花尺寸越小，板材致密度越好及孔隙越少，其隔声性能越优良，大尺寸的刨花制成的板料隔声性能最差。由于刨花尺寸大小对板材的强度具有一定的影响，因此，中等尺寸刨花隔声性能差与刨花板劲度低有直接的关系。单层定向结构板(oriented strand board，OSB)的隔声性能较差，若将两张板或者多张板层叠，或在两张板中间设置一定厚度的空气层，厚度增加，改变了声波的传播途径，声能损耗增加，可有效地提高单层定向结构板的隔声性能。由于板层与空气层之间特性阻抗不匹配，空气层的加入使得在不增加板材重量的前提下，可显著提高隔声性能。对单板层积材(laminated veneer lumber，LVL)隔声性能研究发现，在 LVL 表面进行贴面，可以有效地提高其隔声性能。主要原因是贴面后 LVL 的表面具有一定光滑度，使得表面声波反射率增加，其隔声性能增加。

不同木质材料的隔声频率特性曲线如图 2-1 所示，三种板材的曲线趋于一致。在低频范围内，木质材料的隔声性能主要受强度和共振频率影响。当声波入射至板材表面时，激励板材发生弯曲振动，当入射声波的频率等于板材固有频率时，即可产生共振，板材隔声效果大大降低。为了较好地抑制板材的共振，提高板材在共振频率处的隔声量，主要方法是提高板材的劲度，劲度越大，则其抵抗弯曲振动的能力越强。对于较薄的木质单板，其共振频率在人的听觉范围内，因此减少共振是提高木质单板隔声性能主要考虑的手段之一，通常采用粘贴阻尼材料或与其他材料层叠而错开各自的共振频率的方法来抑制共振对材料隔声性能的影响。在中频范围内，木质材料的隔声性能主要受面密度及厚度影响，随着面密度的增加板材隔声性能增加，即"质量控制区"。随着频率的再升高到达高频范围，隔声性能除了受到厚度及面密度的影响外，还受到阻尼性能的影响，又称"吻合控制区"。板材的阻尼性能越强，其隔声性能越好。当材料中弯曲波与空气中声波相位相同时，声波可加强弯曲波的振动，振动频率随着传播距离增大而增大，这种现象称为吻合效应。木质材料的吻合效应主要与材料的面密度、泊松比、弹性模量及厚度有关。

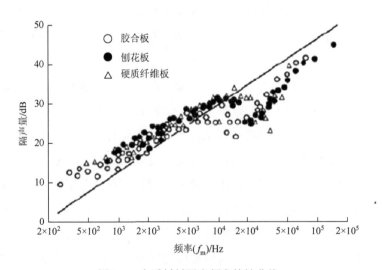

图 2-1 木质材料隔声频率特性曲线

如表 2-2 所示,板材越薄其临界频率越大,20~30mm 厚木质材料的临界频率均出现在低频范围内,因此一味地通过增加材料的厚度来提高隔声性能的方法不可行。为了减小吻合效应的影响,可采用增强材料阻尼性能、改变材料刚度或厚度及在材料表面贴加强筋等方法。

表 2-2 不同厚度木质材料的临界频率

材料类别	面密度/(g/cm³)	临界频率/Hz			
		2mm	5mm	20mm	30mm
冷杉木材	0.50	—	—	500	330
榉木木材	0.75	—	2400	600	400
胶合板	0.55	7000	2800	700	470
刨花板	0.66	—	3400	1090	725

注:"—"表示没有测到临界频率

第三节 阻尼材料隔声性能的研究进展

高分子阻尼材料具有较好的阻尼降噪能力,因此已经广泛地应用于隔声降噪领域。在隔声降噪领域应用的阻尼材料又称振动衰减材料或减振材料,其主要作用是将振动机械能转化为热能而使振动衰减。由于其特殊的结构,分子链段在玻璃化转变温度区由冻结状态向自由状态转变,同时在交变应力作用下,软硬链段发生摩擦,一方面高分子链发生弯曲和伸长变形,另一方面分子链段间发生相对扭转和平移,当外力消失后,伸长变形的分子链复原,每一过程都会使部分机械能以热能的方式耗散掉,从而提高隔声降噪性能。高分子阻尼材料的种类较多,目前对聚氨酯类和橡胶类阻尼材料研究得比较深入。市场中常用作阻尼降噪材料基体的是丁基橡胶,以丁基橡胶为基体制备的复合阻尼材料的损耗量峰值从−70℃持续到 20℃,是一种有效阻尼温域较宽的阻尼材料,其性能较优异,因此在减振及噪声治理等领域应用非常广泛。

至今,阻尼降噪隔声材料的研究和应用已有数十年的历史。最早是应用于军事潜艇上,主要是为了防止潜艇被水声探测系统发现。阻尼材料初期的研究以金属材料为主,"质量定律"同样适用于金属基阻尼降噪材料,就是说可以通过增加阻尼降噪材料的重量来有效地减少振动和噪声。再后来,黏弹性阻尼材料备受国内外研究者和相关厂商的广泛关注,因为其具有较高的阻尼性能。经过多年的开发与研究,目前美国、日本、西欧等地已有多家机构专门从事高分子黏弹性材料的研制、生产、开发和应用推广。我国阻尼材料的相关研究从 20 世纪 80 年代开始,经过多年的努力,成功研制出了阻尼合金和复合阻尼钢板。

王永刚(2010)发现利用硫黄硫化体系制备的丁基橡胶具有较高的阻尼损耗因子及较

宽的有效阻尼温域。此研究主要通过改变橡胶材料的制备工艺来改善丁基橡胶的动态力学性能，从而提高其阻尼性能。橡胶材料的阻尼降噪能力较好，因此很多研究者对其隔声性能做了深入研究。胡开放等(2010)研究了不同种类阻尼橡胶材料的减振降噪能力，结果表明丁基橡胶类阻尼材料具有较宽的有效阻尼温域及良好的减振降噪效果，因此被广泛应用于高铁、飞机制造等领域。蒋洪罡等(2014)通过改变硅橡胶的生胶中苯基的含量来提高橡胶材料的隔声性能，结果表明生胶中苯基的含量越高，硅橡胶的隔声性能越好。单纯的橡胶材料较软，弹性模量较小，因此不能单独用作建筑结构材料，使得阻尼材料的应用范围具有一定的局限性。为了更好地发挥阻尼材料的阻尼降噪性能及拓展其应用范围，前人提出了构建阻尼复合结构。此结构既弥补了橡胶材料的不足，又充分发挥了阻尼材料的减振降噪性能。

晏雄等(2001)通过在氯化聚乙烯中填充强介电有机材料 DZ、导电的气相生长超细碳纤维，制备了一种导电压电型阻尼降噪材料，结果表明通过适当控制材料中碳纤维的含量，能获得较好的减振、阻尼性能。夏宇正等(2004)以种子乳液聚合法制备了不同配比的聚苯乙烯/聚丙烯酸乙酯、聚甲基丙烯酸乙酯/聚丙烯酸丁酯的核-壳胶乳互穿聚合物网络，这种共混物具有有效阻尼温域宽、阻尼性能优、物理机械性能良好、吸水率低等特点，其阻尼性能主要取决于组分配比及共混物的织态结构。Sophie 等(2004)较早就合成了在玻璃化转变温度范围内有良好降噪性能的环氧树脂阻尼材料，并长期致力于以环氧树脂为基体的共聚物与共混物的改性研究。Zhang 等(2006)将少量的 BPSR [4, 4-thio-bis (3-methyl-6-tert-butylphenol)，4, 4-硫代双(3-甲基-6-叔丁基苯酚)]加入到 CPE (chlorinated polyethylene，氯化聚乙烯)/DZ (N, N-dicyclohexyl-2-benzothia-zolylsufenamide，N, N-二环己基-2-苯并噻唑次磺酰胺)杂化体中组成 CPE/DZ/BPSR 三元有机杂化体系，研究发现 DZ 和 BPSR 对三元有机杂化体系阻尼性能的改进有协同作用，BPSR 的加入可抑制杂化体的结晶形成，延缓相分离过程，这不仅可以增大阻尼峰峰值，调整阻尼峰的位置，还可以改善老化和等温处理过程中杂化体阻尼性能的稳定性。Masayuki 等(2011)以苯乙烯、丁二烯共聚乳液为基料，通过与丙烯酸酯乳液、乙烯-乙酸乙烯酯乳液等共混，并加入防流挂助剂、填料、乙二醇添加剂、分散剂等，合成了高强度的阻尼材料，其阻尼性能优良。陈根宝(2016)以甲基乙烯基硅橡胶为基体，添加片状云母粉、埃洛石纳米管及球形氧化铝制备了一种新型的阻尼材料，研究表明经聚吡咯改性的无机填料与甲基乙烯基硅橡胶的界面相容性得到改善，材料的阻尼性能和物理机械性能均得到提升。Liu 等(2017)以 DOPO (9, 10-二氢-9-氧杂-10-磷杂菲-10-氧化物)与多乙烯基硅油为原料制备了低聚物处理剂，并与白炭黑结合制得阻尼改性白炭黑，用这种白炭黑改性低苯基含量硅橡胶，其有效阻尼温域可达 120℃，损耗因子为 0.36；改性甲基乙烯基硅橡胶，其有效阻尼温域可达 130℃，损耗因子为 0.34。

第四节 阻尼复合结构隔声性能的研究进展

提高单板材料隔声性能的传统方法是增加材料的厚度及面密度，然而这种方法具有一定的局限性，不利于单板隔声材料的长期发展。新型的隔声材料以多层复合材料为主，向着质轻、厚度薄的方向发展。多层复合材料的隔声性能优于同等厚度及面密度的单层板材。多层复合材料的隔声机理如图 2-2 所示，由其可知，声波入射到单层板材表面时，只发生一次反射和透射；当声波入射到复合材料表面时，声波在多层介质中传播，每经过一层界面，均发生一次透射、反射，声波在多层复合介质中反复传递，声能被大量损耗。常见的是将具有一定强度的板材与具有阻尼降噪能力的高分子阻尼材料相复合，获得具有良好隔声效果的阻尼复合结构。

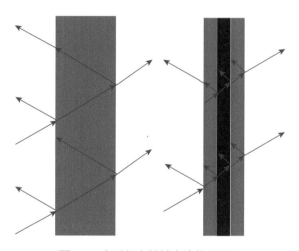

图 2-2 多层复合材料声波传递简图

罗亿科等(2013)制备了一种新型的三元乙丙橡胶(EPDM)-乙烯-乙酸乙烯共聚物(EVA)共混型热塑性弹性体隔音材料，并对其隔声性能进行了测试，结果表明随着 EVA 含量的增加，材料的隔声性能提高；当 EPDM-乙烯/EVA 用比为 50/50 时，材料的隔声性能最佳；随着隔声材料层厚度的增加，材料的共振频率向更高频率移动，且共振频率处的最低隔声量增加。单层密实隔音材料的隔声性能主要由它的质量、劲度、阻尼力阻性能决定，单层均质板的频率-隔声性能曲线分为 4 个区域：劲度控制区、阻尼控制区、质量控制区、吻合控制区。罗亿科等还向材料中添加了 3 种典型的填料(重质填料：硫酸钡；空心填料：玻璃微珠；片状填料：云母粉)，研究发现在中高频区域，加入硫酸钡的隔声材料在质量控制区的隔声性能最佳，加入云母粉的隔声材料在阻尼控制区的隔声性能优于另两种填料，加入玻璃微珠的隔声材料在低频区域的隔声性能得到改善。

傅雅琴等(2007)以 E 型聚氯乙烯、玻璃纤维织物为主要原料,通过常压浇注工艺制备了一种超薄、质轻、柔韧的复合材料,复合材料的厚度仅为 0.5mm,面密度为 0.678kg/m^2,在测试范围内的隔声性能大于质量定律预测值,是一种具有很好发展前景的隔声材料。Ng 和 Hui(2008)使用浇注工艺,以纤维增强塑料蜂窝板为芯材,以薄板为表层,设计制造了一种新型的蜂窝三明治夹芯结构。与相同面密度的钢板、水泥板相比,这种新型结构在声域 100~200Hz 具有更好的隔声性能。蒋松霖等(2009)用自主设计的微层挤出体系制备了热塑性聚氨酯弹性体/苯乙烯-乙烯-丁烯-苯乙烯嵌段共聚物(TPU/SEBS)交替多层复合材料,与传统共混样品相比,这种交替多层复合材料具有更宽的有效阻尼温域,其隔声性能和力学性能也随着层数的增加而提高,这种微层挤出工艺为制备新型阻尼隔声材料提供了一种新的加工方法。Sui 等(2015)以蜂窝状纤维板材和乳胶薄膜为原料设计制成了一种超轻的蜂窝状夹芯型隔音材料。这种材料的面密度仅为 1.3kg/m^2,在低频范围内的隔声量高达 45dB,在高频率范围内平均隔声量保持在 50dB 以上,隔声性能和力学性能非常优异。Sui 利用数学模型对蜂窝状夹芯型隔音材料的隔声性能进行了计算,计算结果与试验拟合良好。Uris 等(2017)以一种由轻质疏松多孔的石棉纤维压制而成的板状物为芯材,以轻质密实的石膏板为上下层,制备了一种新型的石膏三明治夹层板。研究发现,在 1250Hz 以下频段,通过适当降低夹层石棉纤维的密度可以改善复合材料的隔音性能;在 1250Hz 以上频段,50mm 厚复合材料的平均隔声量在 50dB 以上,100mm 厚复合材料的隔声量达到了 70dB。

日本著名的隔声材料生产商石井商事株式会社研制的"超静香"系列隔音材料是将 90%的高纯度铁粉加入无毒沥青或者聚氯乙烯中,制成隔音片材、卷材或管材。该材料柔软易弯曲,与各种型面材料的贴合力好,可用剪刀任意剪裁,施工方便。经上海同济大学声学研究所根据 GB/T 19889.3—2005 检测,"超静香"系列 0.8mm 厚单体计权隔声量为 21dB,1.4mm 厚单体计权隔声量为 25dB,且材料具有优异的防火、防潮、隔热、无毒等综合性能,被称为"现代隔声之王"。西班牙 PROTASA 公司研制的名为"LAMIX5"的系列隔音材料,由一层三元乙丙橡胶、一层 2mm 厚的网状高密度聚乙烯和多种填料组成。该系列材料在低、中、高频声域均有良好的隔音性能,隔声量可达 22~32dB。

阻尼结构是将阻尼材料以一定方式粘贴在具有一定强度的板材表面得到的结构,按照粘贴方式将阻尼结构分为两种,一种是自由阻尼结构,另一种是约束阻尼结构。阻尼复合结构中用作芯层的阻尼材料以橡胶材料为主,其主要作用是将振动机械能转化为热能耗散掉,使振动衰减。在中低频范围内,阻尼层降低了由声波激励引起的材料振动的幅度,抑制了材料的共振,将机械能转化为热能消耗掉,提高了共振频率处的隔声量。在高频范围内,阻尼层抑制了复合结构材料的吻合效应,临界频率向高频移动,吻合谷变浅，隔声性能增强。对于阻尼复合结构，国内外对其隔声性能的研究越来越深入。如何提高阻尼复合结构隔声性能，其隔声性能受哪些因素影响，成为当今的研究热点。首先研究材料自身因素对隔声性能的影响规律，通过优化材料参数提高阻尼复合结构隔声性能；其次通过结构设计改善隔声性能。对于材料自身因素影响，主要研究了表板种类、厚度、密度、弹性模量、劲度及阻尼材料厚度、密度、损耗因子等参数与声学性能的关系，为阻尼复合结构减振降噪机理的阐明及参数的优化提供了理论依据。对于结构设计，主要研究了复合结构层数、结构对称性、阻尼复合结构、层合方式及阻尼层形状等参数对复合结构材料隔声性能的影响。

第五节　木质阻尼复合材料隔声性能的研究进展

Zhao 等(2010)将木纤维与橡胶颗粒以一定的热压工艺相复合，获得了木质/橡胶混合复合材料，并研究了不同木质材料/橡胶材料混合比例、橡胶粒径、胶黏剂配比等参数对复合材料隔声性能的影响规律。结果发现，橡胶颗粒的大小对复合材料的隔声降噪效果具有一定的影响；木质材料与橡胶材料混合，橡胶比例越大，复合材料阻尼减振效果越强。但是此方法工艺较复杂，板材的性能较难控制。刘键和陶世毅(2011)以具夹层结构的胶合板为外层板，以芳纶蜂窝板为中间夹芯层，同时在芳纶蜂窝结构中填充塑料、泡沫或者橡胶等材料共同组成复合隔音板。研究表明该隔音板质轻，具有优良的隔声降噪效果，主要应用于高速列车上。Sargianis 和 Suhr(2011)研究了由天然物组成的三明治板材，即杉木夹芯层的竹面板、泡沫夹芯层的棉质纤维板、泡沫夹芯层的碳纤维板材、松木夹芯层的棉质纤维板等三明治结构的隔声性能及振动阻尼特性，表板和芯层不同，板材的隔声性能不同。Zergoune 等(2017)通过改变胶合板的层状结构来提高其隔声性能，研究发现，在胶合板中夹入石膏板时，其隔声量与原胶合板的隔声量相比提高了 7～8dB。周统建(2012)在轻型木结构墙体中分别填充厚岩棉、一层厚空心刨花板和两层厚空心刨花板，形成三种结构不同的复合外墙。研究发现，空心刨花板复合墙体对低频噪声的阻隔能力较差，对高频噪声的阻隔效果较好。杨军伟(2013)将木屑板与阻尼材料相复合，有效地提高了木屑板的隔声性能。郝志勇等(2015)将三层胶合板层合复合，以期通过调整静音地板的复合结构来获得较优的隔声性能。当胶合板三层结构的每一层厚度互不相等时，隔声性能相对较优。Ghofrani 等(2016)将胶合板与废轮胎橡胶多层复合，通过优化复合工艺参数、材料参数及改善复合材料的结构来提高复合材料隔声性能。结果表明，胶黏剂种类、热压时间、热压压力等可对板材的隔声性能产生一定的影响。

第六节　填充吸声复合材料的隔声性能

殷艺敏和刘祖德(2010)发明了一种陶瓷金属阻尼隔音板墙体,通过在墙体内部填充具有一定吸声性能的吸声棉,提高了墙体整体的隔声性能。然而吸声材料的填充方式及厚度等因素对复合结构的隔声性能有很大影响,合理的填充方式及厚度可以有效地提高隔声性能。刘海(2013)设计了隔声-吸声复合式的蜂窝夹层结构,通过优化结构的层叠方式和主要结构参数,提高了复合结构的综合降噪能力。伏蓉等(2016)设计了一种典型的高速列车用的层状复合结构板,由铝板/多孔材料层/空气层/碳纤维增强板组成,分析多孔材料与空气层对层状复合结构板材隔声性能的影响规律。结果发现,吸声材料填充在复合结构中,避免填充较满,应该留有一定的空气层,保留一定空气层的复合结构隔声效果最佳,空气层的加入,提高了复合结构在低频范围的隔声性能。

姜燕坡(2013)研究了复合结构中填充玻璃吸声棉、无纺吸声毡等吸声材料对其隔声性能的影响规律,确定了用作填充材料所应该满足的条件及各种材料的吸声系数。祝驰誉等(2015)将隔声材料、阻尼材料、吸声材料多层复合,获得了隔声降噪能力优良的复合材料,通过优化基材厚度、橡胶损耗因子、吸声材料吸声性能,使得复合材料的衰减振动增强及隔声降噪能力达到最佳,此复合材料在高速列车中得到了广泛的应用。Liu(2015)在三层板材结构空腔中填充了多孔弹性材料,多孔弹性材料的加入使得三层板材在低频段的隔声性能显著提高;在不增加板材厚度的前提下,在三层板材空腔中加入多孔弹性材料,可显著提高其隔声性能。在板材中间加入高分子阻尼材料,可以减小板材振动的幅度,削弱共振现象及抑制吻合效应。在多层复合结构中填充多孔材料,发挥其吸声作用,可降低板材中高频声波的传递损失。填充的多孔材料与空气层相配合,空气层对多孔材料的低频隔声效果有促进作用。空气层与多孔材料的复合也影响隔声效果,加入空气层在提高隔声量的同时也降低了结构的总体重量。

前人已对用作隔声降噪材料的主要金属材料、高分子阻尼材料进行了系统的研究,且在隔声降噪等领域得到了广泛的应用。对于金属材料与阻尼材料复合获得的金属阻尼结构的隔声性能研究,无论在机理研究上,还是在性能提高方法上,都已经比较成熟及系统。但是木质材料的隔声性能研究较少,更缺乏木质材料与阻尼材料组成的复合材料隔声性能的系统研究。木质材料在我们生活中必不可少,由于木质材料隔声性能差,其应用范围受到了限制。为了提高木质材料的隔声性能及拓宽其应用范围,本研究借鉴金属阻尼结构的隔声机理,将木质材料、阻尼材料、吸声材料复合,获得了一种新型的木质阻尼复合隔声材料。该复合结构材料隔声性能优于同等厚度的单层板材，有效地提高了木质材料的隔声性能，解决了阻尼材料由于弹性模量低而不能单独作为建筑结构的问题，同时改进了传统的提高单层材料隔声性能的方法。此研究具有广阔的应用前景。

第七节　木基静音地板的研究及发展现状

一、国内木基静音地板的研究及发展现状

木基静音地板是指可以降低人在地板上面行走时所产生噪声的一类功能地板。它主要以木质材料为基材，通过对基材进行处理、采用特殊结构或将基材与其他材料进行复合等方法获得良好的降噪隔声功能。

最早出现的具有静音功能的地板是由葡萄牙人在 1900 年开发出来的纯软木地板。软木地板不但保持了软木的天然本色，而且具有优异的防滑性能、耐磨性能和吸音、减振效果，且弹性适宜，脚感舒适，是一种非常珍贵、高档的地板。纯软木地板在我国的使用可以追溯到 1932 年，10mm 厚的简易软木地板被用在北京古籍图书馆，至今已使用了 90 多年，仅磨损掉 0.5mm，足见其良好的耐磨性。我国最早的软木复合地板由陕西万林有限公司研制生产，并于 1994 年初投放市场，同年获得了国家专利权。

软木素有"软黄金"之称，是一种天然稀有原料，而且加工工艺复杂，完全使用软木来加工地板，成本高，产品价格也比较昂贵，堪称是一种奢侈品。因此，纯软木地板在室内装修装饰材料市场中所占的份额极小，发展速度较为缓慢。近年来，随着人们生活水平的提高，对室内装修装饰材料的功能性也提出了更高的要求，静音地板在这种大的市场环境下应运而生。目前市场上主要是以一层薄的软木作为静音功能层，与其他木基地板基材(如胶合板、纤维板等)进行复合加工成的具有一定静音功能的地板。国内尚未有行业标准或国家标准给出木基静音地板的确切定义，以及相关的质量技术评价指标、要求和测试方法。

按照实现静音功能方法的不同，木基静音地板分为四大类：软木静音地板、木基高分子复合静音地板、声学结构型木基静音地板及其他综合型木基静音地板。

(一)软木静音地板

软木具有非常好的弹性、密封性、隔热性、隔音性、电绝缘性和耐摩擦性，同时还有无毒、无味、相对密度小、柔软、不易着火等优点。目前市场上很多静音地板产品就是利用软木的优良物理声学特性来实现地板的静音功能。这种全部或部分使用软木作为

静音功能层的静音地板统称软木静音地板。全部采用软木作为基材的静音地板称为纯软木静音地板；采用软木和其他木质基材复合成的静音地板称为软木复合静音地板。软木静音地板是目前国内静音地板市场上最为常见、产量最高的一类静音地板。

软木静音地板的性能受软木基材质量的影响，高质量的软木基材可以赋予地板优异的静音功能；软木复合静音地板的性能在很大程度上取决于软木与地板基材的复合加工工艺。最常用的生产工艺是用胶黏剂将天然软木制成的板材直接黏附在地板基材(如纤维板、胶合板)上，从而使最终地板具有静音功能。这种生产工艺简单，技术容易掌握，成本比较低，生产出来的地板具有一定的静音功能。由于软木和纤维板或胶合板等地板基材的收缩率不同，在长期使用过程中静音功能层和基材之间的胶接部分容易破坏，地板板材出现分层、变形等一系列问题。还有一种工艺是首先将天然软木进行深加工，提高其柔韧性、吸音降噪功能，使软木的收缩率和地板基材的收缩率趋于一致，然后将两者采用无毒环保型胶黏剂进行黏接。通过该工艺制备的静音地板不仅具有很好的静音功能，而且脚感更加舒适，对环境不会造成污染，更加环保。但由于天然软木的预处理工艺复杂，难度较大，所使用的无毒环保型胶黏剂价格高，生产这种静音地板的成本比较高。

虽然软木静音地板具有尺寸稳定性好、柔软、富有弹性等一系列很好的使用性能。但是，由于软木具有较好的隔热性能，因此其不宜作为地热地板使用。软木静音地板一般适合在普通采暖条件下铺设。

(二)木基高分子复合静音地板

木基高分子复合静音地板是指由高分子材料作为静音功能层的木基静音复合功能地板。此类静音地板主要是利用了高聚物黏弹性机理的阻尼作用。高聚物阻尼材料分子量大，分子链段较长且易卷曲、相互缠绕，弹性较好。当受到外部能量(载荷)作用时，通过分子链段转变构象和链段间运动滑移、解缠发生内摩擦将外加能量转变为热能耗散掉；当外部能量(载荷)去除时，由于分子链段间的弹性作用，又可部分或全部恢复至以前的状态。目前常用的主要有合成橡胶和辐射交联聚丙烯发泡材料等高分子材料。该类静音地板弹性好，脚感舒适，具有较好的静音功能。

(三)声学结构型木基静音地板

声学结构型木基静音地板的基材一般采用杨木、松木、杉木、桉树等人工速生材，其静音功能侧重于降低撞击声隔声，主要通过采用一定的声学结构(打孔、开槽等)或特殊的组合方式来实现。

（四）其他综合型木基静音地板

为了获得较好的静音效果，有些静音地板会同时采用上述两种及以上方法来实现地板的静音功能，这也是静音地板的一个重要发展方向。随着木基静音地板的不断发展，地板静音机理的不断更新和完善，相信将不断涌现出更多新的静音地板产品。

目前国内木基静音地板存在的问题如下。

第一，对天然稀有原料太过依赖。目前，市场上的木基静音地板大多数属于软木静音地板，其静音功能主要来源于优质的天然软木。但是，软木是一种稀有的资源，产量低，加工工艺复杂，价格昂贵。现在世界上的软木资源主要集中在中国和地中海沿岸的 7 个国家。据统计，全球栓皮栎森林总面积为 220 万 hm^2，软木年产量为 36 万 t。软木地板全世界一年的总产量是 1200 万～1300 万 m^2，是目前所有地面材料中产量最少的。受软木原料的限制，单纯依靠优质天然软木来拓宽静音软木地板的发展空间非常有限。

第二，理论研究很少，产品技术含量不高。通过对静音地板进行文献检索发现，目前国内关于静音地板的报道都是地板企业的产品宣传材料及专利，而且这些报道中涉及的对象绝大多数是软木静音地板，内容也只是简单的生产工艺和部分性能，真正涉及地板静音机理等理论研究的报道，在所查阅的文献中尚未发现。深入对地板静音机理进行理论研究，探索新的静音功能实现手段，摆脱对软木的过度依赖，开发出高技术含量的静音地板产品是今后静音地板发展的一条必经之路。

第三，静音地板质量参差不齐，国内外尚未形成一套完整的质量评价体系和标准。对于静音地板，其静音功能的评价非常重要，直接关系到产品的质量评价和控制，对规范静音地板市场起到非常重要的作用。目前国内只有部分专家、学者对木质地板的响声做了一些研究。例如，邓金华等利用声级计，通过测量人在普通地板上面行走时所发出响声的大小研究了地板的响声问题。但是，地板静音性能的定量检测在国内还是一项空白，国家标准《木质地板铺装、验收和使用规范》（GB/T 20238—2006）中只是规定踩踏无明显异响和主要行走区域异响不明显，但没有涉及定量检测的内容，更没有对静音地板做出具体要求。随着静音地板产业的不断快速发展和为满足市场规范化的需要，形成一套完整的针对木基静音地板性能要求及测试方法的行业标准和国家标准势在必行。

在体育专用木质静音地板方面，我国的科研工作和应用推广起步较晚。近年来，随着国家和人民对体育运动的重视，部分科研工作者也针对体育馆用木地板进行了相应的研究，发展到今天已经有很多成果。2006 年制定了相应的国家标准 GB/T 20239—2006《体育馆用木质地板》，现已更新为 GB/T 20238—2018《木质地板铺装、验收和使用规范》，为体育运动木地板设计、制作、铺装施工、质量检验、验收提供了标准和依据。如今，国内对运动木地板的研究集中在新材料和新工艺的研发上。2009 年，刘训球等应用 ANSYS 分析软件建立了木地板结构有限元模型，为地板与龙骨组成木地板的结构设计了两种不同的木龙骨铺设方案（正交和斜交），通过有限元软件定义了两者之间的耦合作用，并对其进行模态分析，得到了木地板结构的各阶固有频率、振型及相应的等值应力云图，同时得出了采用木龙骨斜交铺设的木地板结构强度和刚度较好的主要结论，为木地板的铺设提供了技术指导。2012 年，王宏棣等对体育专用木地板龙骨结构与主要性能进行了研究，得出了回归统计关系，该研究填补了体育专用木地板龙骨结构与主要性能指标间一次回归统计关系的空白，建立的统计方程可在理论统计范畴内指导体育专用木地板中龙骨结构设计及施工技术，为体育专用木地板龙骨的生产提供了科学依据。2015 年，李海涛等设计了不同硬度的阻尼地板来替代目前的铝合金地板，以解决重物掉落引起舰船舱室内地板偶发振动的问题，通过理论分析与用钢球模拟重物自由下落碰撞阻尼地板的试验研究了不同阻尼地板的减振效果。结果表明，阻尼层硬度的增加会使阻尼地板的减振效果降低，并且阻尼层硬度对高频隔振效果的影响要小于对低频隔振效果的影响。2017 年，马光阳以某轿车地板结构为研究对象，建立了汽车地板结构的有限元模型，并对该模型进行了自由模态和约束模态分析；研究了黏弹性材料的频变特性对阻尼复合结构损耗因子的影响，应用模态应变能法得出了考虑黏弹性材料频变特性的阻尼复合结构损耗因子的计算方法，而且在强迫振动响应分析中实现了对阻尼材料频变特性的模拟；分析了阻尼层厚度、泊松比、弹性模量等因素对阻尼复合结构损耗因子的影响；给出了汽车地板结构阻尼材料不等厚布置方案，有效地提高了阻尼材料的利用率，对于将阻尼材料用作地板结构材料改善地板动态特性有实际意义。

通过对目前国内木基静音地板发展现状的分析，不难看出，纯粹依靠软木来实现静音功能的传统静音地板，受原料和成本的影响，其发展空间有限；高分子材料良好的阻尼特性可赋予地板优良的静音功能，木基高分子复合静音地板发展前景较好；声学结构型静音地板凭借其原料来源广泛、成本低、技术含量高等特点，发展空间非常广阔，将成为木基静音地板研究的一个热门。木基静音地板应市场需求而生，具有广阔的市场前景和很强的生命力，是高效利用人工林、提高木质产品附加值的一个重要途径。

二、国外木基静音地板的研究及发展现状

日本关于木基静音地板的专利较多，其次是美国和欧洲。目前，木基静音地板的专利按照其获得静音功能的方法大体可以分为以下三类：第一，将软木、橡胶、织物等弹性或隔音材料复合到木地板中，从而获得较好的减振隔音功能。这种静音地板的结构类似于三明治，因此也有人称其为"三明治地板"。第二，通过在地板底面开孔槽的方法来实现地板的隔音功能，孔槽内的空腔和其内部的空气可以起到很好的隔音效果，特别是在隔声方面，该类结构较为常用。第三，同时采用弹性或隔音材料和沟槽结构来实现地板的静音功能。德国、英国等国家早已制定了相应的标准，用于规范体育馆用木质地板的评价和应用。国际上通常采用的运动木地板标准有德国工业标准 DIN 18032.2—2001、英国国家标准 BS 7044、欧洲统一标准 UES 2002 等。其中，DIN 18032.2—2001《木地板锻炼用体育馆和比赛用体育馆的要求和测试》的地板评价标准是国际上最主要的质量评价标准。如今各个国家针对体育馆用地板的研究日益增多，主要针对地板结构、地板材料的优化进行新材料和新工艺的研究。

多年来，国内外对木地板的阻尼特性和振动机理研究较少，相关领域的研究如汽车行业，对于体育专用木地板的研究仍具有指导意义。其研究方法有文献研究法、模态分析法和有限元模拟法等，实测地板的动力特性参数如固有频率、阻尼力阻和振型，以及阻尼力阻对地板系统振动性能的影响等。2018 年，Daniele Casagrande 等为了研究地板的动力特性(固有频率、阻尼力阻和振型)，采用数值分析及试验法对两个完整木地板标本的动力特性和振动性能进行了评估，还进行了动态识别测试，对不同木地板类型的振动性能进行了比较，以及对不同评估方法(数值分析和试验法)的有效性进行了讨论，为木地板的动态试验研究提供了建议。

在上述研究基础上，研究者还对木基静音地板的性能与相关参数进行了回归分析、相关分析，并在研究某一变量对试验结果的影响时采用了控制变量法和对照试验法，得出了地板结构的阻尼和振动性能受地板自身材料与力学性能、结构形式及阻尼材料的影响等主要结论。

参 考 文 献

敖庆波，王建忠，李爱君，等.2018. 梯度纤维多孔材料的吸声特性及结构优化[J]. 稀有金属材料与工程，47(2)：697-700.

陈端石.1994. 隔声测量的混响室-消声箱法讨论[J]. 噪声与振动控制，(1)：8-12.

陈根宝.2016. 高阻尼硅橡胶复合材料的制备与性能研究[D]. 广州：华南理工大学硕士学位论文.

陈广琪.1995. 国外木质材料环境学发展概况[J]. 世界林业研究，(4)：34-38.

陈文清.2018. 多孔材料参数反演及其在消声器仿真中的应用[D]. 贵阳：贵州大学硕士学位论文.

崔承勋.2011. 双层轻质板结构隔声量的实验研究[J]. 建筑科学，27(10)：63-69.

伏蓉，张捷，姚丹，等.2016. 高速列车车体轻量化层状复合结构隔声设计[J]. 噪声与振动控制，36(1)：48-52.

傅雅琴，倪庆清，姚跃飞，等.2007. 玻璃纤维织物/聚氯乙烯复合材料隔声性能[C] // 第十届陈维稷优秀论文奖论文汇编. 北京：中国纺织工程学会，5.

郝志勇，丁政印，孙强.2015. 基于 FE-SEA 混合法研究高速列车静音地板的隔声性能[J]. 吉林大学学报(工学版)，45(4)：1069-1075.

胡开放，刘志琴，潘广勤，等.2010. 丁基橡胶的应用研究进展[J]. 广州化工，(11)：53-54.

姜燕坡. 2013. 应用于高速列车的多层复合材料声学性能研究[D]. 长春：吉林大学硕士学位论文.

蒋洪罡，苏正涛，黄艳华，等. 2014. 苯基硅橡胶的隔声性能研究[J]. 有机硅材料，(2)：94-96.

蒋松霖，李姜，郭少云. 2009. 交替多层 TPU/SEBS 复合材料阻尼隔声性能的研究[J]. 广州化工，37(5)：69-71.

蒋兴华，李锋华. 2002. 聚合物基泡体复合材料的隔声原理与加工性能[J]. 合成材料老化与应用，(3)：32-35.

鞠泽辉. 2018. 木质复合隔墙板隔声特性研究[D]. 南京：南京林业大学硕士学位论文.

康玉成. 2004. 建筑隔声设计：空气声隔声技术[M]. 北京：中国建筑工业出版社.

李烜，梁森，吴宁晶，等. 2010. 嵌入式共固化复合材料阻尼结构隔声性能实验研究[J]. 噪声与振动控制，30(5)：91-94.

蔺磊，王佐民，姜在秀. 2010. 吸声侧壁对微穿孔共振结构声学性能的影响[J]. 声学技术，29(4)：410-413.

刘海. 2013 隔吸声复合式蜂窝夹层板结构的设计与实验研究[D]. 哈尔滨：哈尔滨工业大学硕士学位论文.

刘键，陶世毅. 2010. 高速列车隔音板[P]. 中国，201020565515.3.

陆刚，余红伟，魏徽，等. 2016. 阻尼-隔声复合应用于噪声控制方面的研究进展[J]. 广东化工，43(7)：91-92，103.

罗亿科，李广龙，黄磊，等. 2013 .EPDM/EVA 共混隔音材料性能研究[J]. 特种橡胶制品，34(6)：48-50.

马俊俊. 2016. 渐变孔隙率泡沫金属吸声性能的研究[D]. 北京：华北电力大学硕士学位论文.

南甜甜，孟玲宇，费春东，等. 2020. 降噪材料的研究进展与发展趋势[J]. 纤维复合材料，(2)：68-73.

裴春明，周兵，李登科，等. 2015. 多孔材料和微穿孔板复合吸声结构研究[J]. 噪声与振动控制，(5)：35-38.

宋博骐，彭立民，傅峰，等. 2016. 木质材料隔声性能研究[J]. 木材工业，30(3)：33-37.

宋继萍，邓晓平，蒋丁山，等. 2012. 阻尼隔声板在噪声控制工程上的应用[J]. 中国环保产业，(6)：37-39.

孙国旺，刘子涵，符汶淦，等. 2020. 体育馆运动木地板系统阻尼特性与振动机理的研究进展[J]. 木工机床，(1)：19-21.

孙伟圣. 2009. 木材-橡胶复合材料及其在静音地板中的应用研究[D]. 北京：中国林业科学研究院博士学位论文.

孙卫青，邱宗玺，张恒. 2002. 层合复合材料隔声性能有限元分析[J]. 郑州大学学报，(1)：51-54.

汤慧萍，朱纪磊，王建永，等. 2007. 不锈钢纤维多孔材料的吸声性能[J]. 中国有色金属学报，(12)：1943-1947.

王连会. 2017. 汽车多孔材料吸声性能分析与优化[D]. 长春：吉林大学硕士学位论文.

王永刚. 2010. 宽温域高阻尼丁基橡胶材料的研究[D]. 青岛：青岛科技大学硕士学位论文.

王永华，武海权，刘哲明，等. 2018. 一种快速测试多孔介质声学特征参数的方法[J]. 长春理工大学学报(自然科学版)，41(1)：85-89，94.

夏宇正，苗传威，石淑先，等. 2004. 丙烯酸酯系胶乳互穿聚合物网络的合成及阻尼性能[J]. 合成橡胶工业，27(5)：297-300.

徐卫国. 2001. 高速列车蜂窝隔音板[P]. 中国，CN 2505357 Y.

徐颖，李珊，王常力，等. 2015. 不锈钢纤维多孔材料吸声性能的研究[J]. 西北工业大学学报，(3)：401-405.

许刚. 2010. 影响轻钢龙骨石膏板隔墙隔声性能的因素[J]. 新型建筑材料，37(5)：20-22.

晏雄，张慧萍，住田雅夫. 2001. 新型减振高分子复合材料研究[J]. 高分子材料科学与工程，(5)：86-89.

杨军伟，蔡俊，邵骢. 2013. 微穿孔板-蜂窝夹芯复合结构的隔声性能[J]. 噪声与振动控制，33(4)：122-126.

殷艺敏，刘祖德. 2010. 高温陶瓷降噪屏障[P]. 中国，CN201689669U.

袁旻忞，郭伟强，杨弘，等. 2009. 轻金属复合结构薄板的隔声量与阻尼的关系运输噪声的预测与控制[C] // 全国环境声学学术会议论文集. 北京：全国环境声学学术会议.

张娟，张慧萍，晏雄. 2009. 丁腈橡胶类阻尼材料声学性能的研究[J]. 玻璃钢/复合材料，(2)：46-48.

郑辉，陈端石. 1996. 阻尼复合板的隔声性能研究[J]. 应用声学，(2)：1-6.

周海宾. 2006. 木结构墙体隔声和楼板减振设计方法研究[D]. 北京：中国林业科学研究院博士学位论文.

周统建，王志强，徐才峰，等. 2012. 银杏木空心刨花板复合墙体隔声性能[J]. 林产工业，39(6)：11-13.

周晓燕，华毓坤，朴雪松，等. 1999. 定向结构板复合墙体隔声性能的研究[J]. 林业科技开发，(4)：10-12.

朱建. 2013. 多孔金属材料声学参数表征与确定方法研究[D]. 银川：宁夏大学硕士学位论文.

祝驰誉，温华兵，祝驰宇，等. 2015. 丁基橡胶阻尼材料对基座减振的实验研究[J]. 造船技术，(2)：50-53.

Allard J F, Depollier C, Guignouard P, et al. 1991. Effect of a resonance of the frame on the surface impedance of glass wool of high density and stiffness[J]. The Journal of the Acoustical Society of America, 89(3): 999-1001.

Atalla N, Panneton R, Debergue P. 1998. A mixed displacement-pressure formulation for poroelastic materials[J]. The Journal of the

Acoustical Society of America，104（3）：1444-1452.

Atalla Y，Panneton R. 2005. Inverse acoustical characterization of open cell porous media using impedance tube measurements[J]. Optik International Journal for Light & Electron Optics，33（1）：11-24.

Biot M A. 1956. Theory of propagation of elastic waves in a fluid-saturated porous solid. I. Low-frequency range. II. Higher frequency range[J]. The Journal of the Acoustical Society of America，28：168-191.

Chou C W，Chen C Y，Pinglai R，et al. 2014. Sound Insulation of Application for Composite Wood Panel[C]. Melbourne：Institute of Noise Control Engineering：5602-5610.

Cremer L. 1942. Theorie der Schalldammung thinner Wande bei Schragen einfall[J]. Akustische Zeischnft，7（3）：81-104.

Cremer L. 1948. Sound Insulation of Panels of Obligue Insidence，Noise and Sound Transmiyion[Z].

Delany M E，Bazley E N. 1970. Acoustical properties of fibrous absorbent materials[J]. Appliedacoustics，3（2）：105-116.

Dunn I P，Davern W A. 1986. Calculation of acoustic impedance of multi-layer absorbers[J]. Applied Acoustics，19（5）：321-334.

Garai M. 2005. Pompoli FA simple empirical model of polyester fibre materials for acoustical applications[J]. Applied Acoustics，66（12）：1383-1398.

Ghofrani M，Ashori A，Rezvani M H，et al. 2016. Acoustical properties of plywood/waste tire rubber composite panels[J]. Measurement，94：382-387.

Henry M，Lemarinier P，Allard J F，et al. 1995. Evaluation of the characteristic dimensions for porous sound-absorbing materials[J]. Journal of Applied Physics，77（1）：17-20.

Karlinasari L，Hermawan D，Maddu A，et al. 2012. Acoustical properties of particleboards made from betung bamboo（*Dendrocalamus asper*）as building construction material[J]. Bioresources，7（4）：5700-5709.

Kim J，Lee J Y. 2014. Evaluation of long-term deflection and dynamic elastic modulus of floor damping materials used in apartment buildings[J]. Journal of the Architectural Institute of Korea Structure and Construction，30（11）：29-36.

Lee B C，Lee K W，Byun J H，et al. 2012. The compressive response of new composite truss cores[J]. Composites Part B Engineering，43（2）：317-324.

Li M，Wu L Z，Ma L，et al. 2011. Mechanical response of all-composite pyramidal lattice truss core sandwich structures[J]. Journal of Materials Science & Technology，27（6）：570-576.

Liang S，Zhang Z S，Mi P. 2012. Sound insulation characteristics of the embedded and co-cured composite damping structures[J]. Advanced Materials Research，487：598-602.

Liu B，Gao X，Zhao Y，et al. 2017. 9, 10-dihydro-9-oxa-10-phosphaphenanthrene 10-oxide-based oligosiloxane as a promising damping additive for methyl vinyl silicone rubber（VMQ）[J]. Journal of Materials Science，52（14）：8603-8617.

Liu P S，Xin-Bang X U，Cheng W，et al. 2018. Sound absorption of several various nickel foam multilayer structures at aural frequencies sensitive for human ears[J]. Transactions of Nonferrous Metals Society of China，28（7）：1334-1341.

Liu Y. 2015. Sound transmission through triple-panel structures lined with poroelastic materials[J]. Journal of Sound & Vibration，339：376-395.

Liu Z，Zhan J，Fard M，et al. 2017. Acoustic properties of multilayer sound absorbers with a 3D printed micro-perforated panel[J]. Applied Acoustics，121（JUN.）：25-32.

Maderuelo-Sanz R，Nadal-Gisbert A V，Crespo-Amorós J E，et al. 2012. A novel sound absorber with recycled fibers coming from end of life tires（ELTs）[J]. Applied Acoustics，73（4）：402-408.

Masayuki N，Ken T，Yutaka O. 2011. Water-based coating-type vibration damping material[P]：Europe，EP1741759.

Miki Y. 1990. Acoustical properties of porous materials. Modifications of Delany-Bazley models[J]. Journal of the Acoustical Society of Japan（E），11（1）：19-24.

Ng C F，Hui C K. 2008. Low frequency sound insulation using stiffness control with honeycomb panels[J]. Applied Acoustics，69（4）：293-301.

Niskanen M，Duclos A，Dazel O，et al. 2016. Inverse acoustic characterization of rigid frame porous materials from impedance tube measurements[C]. Hamburg：INTER-NOISE and NOISE-CON Congress and Conference Proceedings：5360-5365.

Pieren R，Heutschi K. 2015. Predicting sound absorption coefficients of lightweight multilayer curtains using the equivalent circuit method[J]. Applied Acoustics，92（5）：27-41.

Queheillalt D T，Wadley H N G. 2005. Pyramidal lattice truss structures with hollow trusses[J]. Materials Science & Engineering A，397：132-137.

Rayleigh J W S. 1894. The Theory of Sound[M]. London：Macmillan.

Sargiani J J，Kim H I，Andres E，et al. 2013. Sound and vibration damping characteristics in natural material based sandwich composites[J]. Composite Structures，96：538-544.

Sipari P. 2007. Sound insulation in timber buildings：the finnish experience[J]. Building Acoustics，14（2）：133-142.

Sophiea D P，Hoffman D K，Hong X，et al. 2004. Flexible epoxy sound，damping coatings[P]：Europe，EP1023413B1.

Sui N，Yan X，Huang T Y，et al. 2015. A lightweight yet sound-proof honeycomb acoustic metamateriai[J]. Applied Physics Letters，106（17）：171905.1-171905.4.

Tadeu A，António J，Mateus D. 2004. Sound insulation provided by single and double panel walls-a comparison of analytical solutions versus experimental results[J]. Applied Acoustics，65（1）：15-29.

Wang D W，Ma L. 2017. Sound transmission through composite sandwich plate with pyramidal truss cores[J]. Composite Structures，164：104-117.

Wang J，Lu T J，Woodhouse J，et al. 2005. Sound transmission through lightweight double-leaf partitions：theoretical modelling[J]. Journal of Sound & Vibration，286（4-5）：817-847.

Zergoune Z，Ichchou M N，Bareille O，et al. 2017. Assessments of shear core effects on sound transmission loss through sandwich panels using a two-scale approach[J]. Computers & Structures，182：227-237.

Zhang C，Wang P，Ma C A，et al. 2006. Damping properties of chlorinated polyethylene-based hybrids：effect of organic additives[J]. Journal of Applied Polymer Science，100（4）：3307-3311.

Zhao J，Wang X M，Chang J M，et al. 2010. Sound insulation property of wood-waste tire rubber composite[J]. Compos Sci Technol，70：2033-2038.

第三章 木质声学材料的评价与测试方法

第一节 阻抗管传递函数法和混响室法

声源在管中产生平面波，在靠近样品的两个位置上测量声压，求得两个传声器信号的声传递函数，以此计算得到材料的法向入射吸声系数和表面声阻抗。阻抗管传递函数法较驻波管法更为快捷和先进。国际标准 ISO 10534-2 和国家标准 GB/T 18696.2—2002《声学阻抗管中吸声系数和声阻抗的测量 第 2 部分：传递函数法》对阻抗管传递函数法测量吸声系数的测试条件进行了相应的规定。

在混响室中测量材料的无规则入射吸声系数，以中心频率的 1/3 倍频程序列测定空室的混响时间和放入材料后的混响时间，通过绘制混响时间的衰变曲线，确定声波无规则入射时的吸声系。国际标准 ISO 15054—1985《声学混响室中声吸收的测量》对混响室法测量吸声系数的测试条件进行了相应的规定。混响室法测量的是声波无规则入射时的吸声系数，即声波由不同方位入射材料时能量损失的比例，而驻波管法和传递函数法测量的是声波正入射时的吸声系数，入射角度为 90°。这 3 种方式测量的吸声系数有所不同，工程上常使用的是利用混响室测量的吸声系数，因为实际应用中声音入射都是无规则的。测量报告中会出现吸声系数大于 1 的情况，这是由测试条件等造成的。理论上任何材料吸收的声能都不可能大于声波的入射声能，吸声系数永远小于 1。任何大于 1 的吸声系数，在实际声学工程计算中都不能按实际数值使用，最多按 1 进行设计。

第二节 阻抗管传递函数法与混响室法原理概述

标准的声学测量中，材料吸声系数的测试包括材料的垂直入射吸声系数（α_n）和随机入射吸声系数（α_r）测试，垂直入射吸声系数主要采用驻波管法测试，但是其测试过程复杂；由于操作简便，阻抗管传递函数法取代了驻波管法，测试时被测试件安装在阻抗管的一端，另一端的声源发出声波，声波激励装置安装在阻抗管上距离声源和试件不同距离处的传声器上，根据两传声器信号的声传递函数即可算出材料的吸声系数。随机入射吸声系数采用混响室法测试，测试放入试件前后的混响时间，然后根据相应公式算出吸声系数。两种方法测试时的频率范围和试件规格如表 3-1 所示。

表 3-1　两种方法测试时的频率范围和试件规格

方法	测试频率/Hz	试件尺寸规格
阻抗管传递函数法	100～1600	圆形：直径 100mm
	1000～5000	圆形：直径 30mm
混响室法	100～5000	矩形：长×宽＝4200mm×2400mm

一、阻抗管传递函数法原理

阻抗管传递函数法测试时，试件和传声器的安装位置如图 3-1 所示。

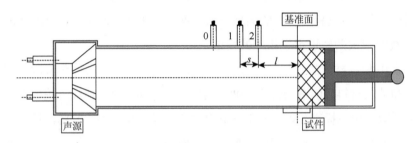

图 3-1　阻抗管传递函数法测量示意图

0、1 和 2 为传声器；s 为 1 和 2 两个传声器中心位置之间的距离（mm）；l 为传声器 2 的中心位置与基准面之间的距离（mm）

阻抗管一端声源发出的声波在阻抗管内形成驻波，故阻抗管内距离基准面 x 处的入射波声压可表示为

$$p_i = P_I e^{jk_0 x} \tag{3-1}$$

式中，P_I 是基准面入射声波的声压幅值（Pa）；k_0 是波数；j 是虚数（$j^2 = -1$）。

当声源发出的入射声波经管内空气介质传播到达试件端面（基准面）后，部分声波被反射回来，距离基准面 x 处反射波声压可表示为

$$p_r = P_R e^{-jk_0 x} \tag{3-2}$$

式中，P_R 是基准面反射声波的声压幅值（Pa）。

如图 3-1 所示，在声源发出的入射声波和反射声波共同作用下，位置 1 和位置 2 处两个传声器的声压分别为

$$p_1 = P_I e^{jk_0(s+l)} + P_R e^{-jk_0(s+l)} \tag{3-3}$$

$$p_2 = P_I e^{jk_0 l} + P_R e^{-jk_0 l} \tag{3-4}$$

入射波的传递函数 H_i 为

$$H_i = \frac{p_{2i}}{p_{1i}} = e^{-jk_0 s} \tag{3-5}$$

反射波的传递函数 H_r 为

$$H_r = \frac{p_{2r}}{p_{1r}} = e^{jk_0 s} \tag{3-6}$$

总声场的传递函数 H_{12} 根据式(3-5)和式(3-6)得

$$H_{12} = \frac{p_2}{p_1} = \frac{e^{jk_0 l} + re^{-jk_0 l}}{e^{jk_0(s+l)} + re^{-jk_0(s+l)}} \tag{3-7}$$

并有 $P_R = rP_I$，r 为反射系数，将 H_i、H_r 代入可得

$$r = \frac{H_{12} - H_i}{H_r - H_{12}} e^{j2k_0(s+l)} \tag{3-8}$$

由式(3-8)可知，反射系数 r 可通过测得的传递函数、距离 s 和 l、波数 k_0 确定。因此，垂直入射吸声系数 α_n 可按下式计算得到：

$$\alpha_n = 1 - |r|^2 \tag{3-9}$$

二、混响室法原理

混响室法测试吸声系数的设备系统如图 3-2 所示，测试得到的吸声系数称为随机入射吸声系数。

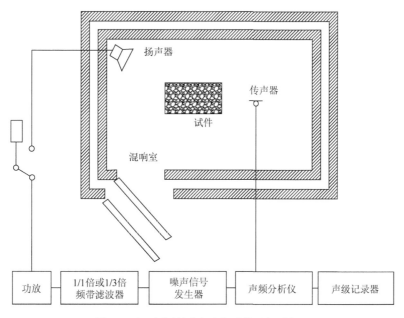

图 3-2　混响室法测试吸声系数设备系统图

随机入射吸声系数是根据混响室内有无一定面积试件时声音的衰减时间差值来计算得出的。声源停止发声后，混响室内声密度随时间的变化规律如下：

$$D(t) = D_0 \exp\{-\frac{c_0 S}{4V}[-\ln(1-\overline{\alpha})]t - kc_0 t\} \tag{3-10}$$

式中，D_0 是声源停止发声初始时刻混响室内的声密度（W/m³）；S 是混响室内表面面积（m²）；V 是混响室体积（m³）；c_0 是空气中声速（m/s）；k 是空气中声能衰减系数；$\overline{\alpha}$ 是混响室内墙面的平均吸声系数。

由于混响室是各表面不相互平行的不规则房间，因此，混响室内表面的平均吸声系数由各个表面的吸声系数加权平均得到。

$$\overline{\alpha} = \frac{\sum \alpha_i S_i}{S} \tag{3-11}$$

式中，S_i 是混响室 i 表面的面积（m²）；α_i 是混响室内 i 表面的吸声系数。

$\alpha_i S_i = A_i$，表示吸声量，混响室的总吸声量 $A = S\overline{\alpha}$，当 $\overline{\alpha}$ 远远小于 1 时，$\ln(1-\overline{\alpha}) \approx \overline{\alpha}$，所以混响时间为

$$T_1 = \frac{55.3V}{(S\overline{\alpha} + 4kV)c_0} \tag{3-12}$$

当在混响室内放入面积为 S_{m} 的被测试件时，声速和声能衰变系数几乎不变，此时，混响时间为

$$T_2 = \frac{55.3V}{[(S - S_{\mathrm{m}})\overline{\alpha} + S_{\mathrm{m}}\alpha_{\mathrm{s}} + 4kV]c_0} \tag{3-13}$$

式中，α_{s} 是材料的吸声系数（被测件）。

在测试频率范围内，$4kV$ 值很小，可忽略不计，故吸声系数可按式(3-14)计算：

$$\alpha = \frac{55.3V}{c_0 S_{\mathrm{m}}}\left(\frac{1}{T_2} - \frac{1}{T_1}\right) \tag{3-14}$$

式中，α 是吸声系数；V 是混响室容积（m³）；S_{m} 是试件面积（m²）；T_1 是放入试样时的混响时间（s）；T_2 是未放入试样时的混响时间（s）；c_0 是空气中声速（m/s），$c_0 = 331.5 + 0.61t$，t 是空气温度（℃）。

三、小混响室-消声箱法测试复合材料的隔声性能

隔声量的测量方法主要有两种：一种是用于实验室测量的阻抗管传递函数法，另一种是用于大尺寸构件隔声性能测量的混响室法。隔声量是一种与吸声系数截然不同的材料声学参数，隔声量的测试方法与吸声系数的测试方法相比较并不成熟。利用混响室测试构件隔声量的方法是目前相对成熟的测试方法，具有相应的国际标准和国家标准，是

测量大型材料隔声量的标准方法。其测试结果准确，可提供一个标准的参考值。对于利用阻抗管传递函数法测试材料的隔声量，并无统一的国际或国家标准。

阻抗管传递函数法测量的是声波法向入射到材料表面后的隔声量，测试试件与阻抗管横截面相一致。阻抗管传递函数法具有测试装置占地面积较小、试样尺寸要求小及测试操作简单等特点。但是阻抗管传递函数法测试的是垂直入射声波，在实际应用的过程中，声波是无规则入射的。因此阻抗管传递函数法的测试结果偏高，不适用于表征材料的真实隔声效果。阻抗管传递函数法测试材料隔声量，主要应用于实验室研究和产品开发初级阶段。由于生活中的噪声主要是无规则入射的，以及混响室法测量的构件尺寸为材料使用尺寸或者贴近材料的使用尺寸，因此此方法可以表征材料在隔声降噪领域中应用时的实际隔声效果。但是混响室法对试验场地建设要求较高，需要两个混响室，要求的试件尺寸较大，试样尺寸为 $10m^2$，使得这种方法不适用于前期新材料的开发及实验室中的研究。

基于这两种测试方法的弊端，为了弥补缺陷，近年来有研究者提出用消声室或半消声室替代混响室法中的一个混响室作为受声室，这时测试构件相当于一个大面积的声源，从受声室内传播来的声波单纯沿隔声构件向外辐射，考虑到近场效应的影响，严格来说并不能直接用声压级测量结果推算出透射声声强级。为了消除近场效应对隔声测量结果的影响，可以采用声强测量代替声压测量，这样就形成了新型的"小混响室-消声箱法"隔声量测量方法。用这种方法测试构件的隔声性能，既避免了安装大试件的困难，又使得测试结果更接近构件在实际应用中的隔声降噪效果。

小混响室-消声箱法测量复合结构隔声性能的测量原理：由白噪声信号源发生的噪声信号经过功率放大器放大后驱动混响室内扬声系统发出宽带白噪声，在混响室内形成稳态均匀声场；由传声器分别接收混响室和消声箱内的声压信号，经前置放大器放大后送到频谱分析仪进行 1/3 倍频程分析，最后得到测试结果。L_1 为混响室内混响区的平均有效声压级，L_2 为消声箱内某一平面的平均有效声压级，经过理论推导，可得出试件的传递损失量为

$$R = L_2 - L_1 + 10\lg(1/4 + s_1/r_2) \qquad (3\text{-}15)$$

式中，s_1 是试件受声面积（$0.26m \times 0.26m$）；r_2 是消声箱内的房间常数。

$$r_2 = A_2/(1 - \overline{\alpha_2}) \qquad (3\text{-}16)$$

式中，A_2 是消声箱的总吸声量；α_2 是消声箱内的平均吸声系数。

分别在混响室和消声箱内选取若干测试点，测出 L_1 和 L_2，并确定吸声修正项：

$$\delta = 10\lg(1/4 + s_1/r_2) \qquad (3\text{-}17)$$

最后根据式(3-15)得到被测试件的传递损失量。测试装置如图 3-3 和图 3-4 所示。

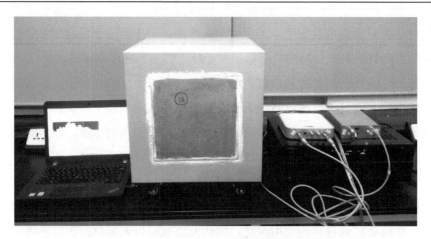

图 3-3　小混响室-消声箱法隔声量测试设施

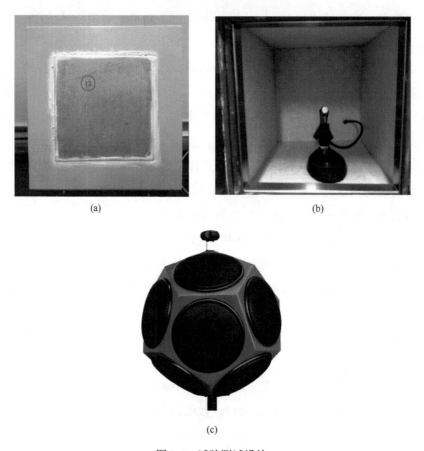

图 3-4　试验测试设施

(a)声学测试箱；(b)测试箱内部；(c)噪声源

　　为了验证此新型隔声量测试设施的实用性及测试结果的准确性，首先确定噪声源发声的稳定性，利用噪声测试仪（图 3-5）测试噪声源发出的噪声级，观察一段时间，验证噪声源发出噪声的稳定性。其次研究构件安装时的密封方式、噪声源到测试构件的距离等参数对测试结果准确性的影响。最终确定最佳的噪声源分贝、密封方式及噪声源到测试构件的距离，规范设备测量的操作步骤，减少试验误差，使测试结果更加准确。

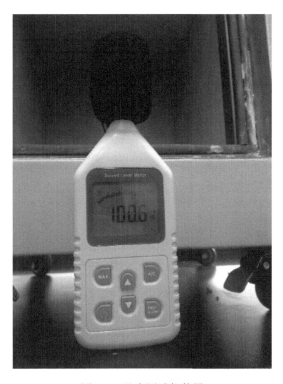

图 3-5　噪声测试仪装置

　　利用噪声测量仪测试十二面体噪声源发出噪声的稳定性，通过对其监测，确定噪声源发出噪声稳定，波动范围较小。

　　密封材料的选择对测试结果具有很大影响，选择合适的密封材料，有助于提高测试结果的准确性。本研究主要探讨了玻璃胶、水泥及腻子作为密封材料对测试结果准确性的影响。选择 3mm 厚钢板在 1/1 倍频程，中心频率为 125Hz、250Hz、500Hz、1000Hz、2000Hz、4000Hz 时所对应的隔声量作为标准值，对不同密封材料测试得到的隔声量与标准值进行比较。如图 3-6 所示，利用小混响室-消声箱法测试构件隔声性能时，密封材料对测试结果有很大的影响。未密封构件的测试结果在整个频率范围内都偏低，由于构件与安装口之间存在一定的缝隙，进行测量时产生了漏声现象，与标准值相比测试结果偏低。为了提高测量结果的准确性，测定隔声量时对构件与安装口之间进行密封处理。根据测量结果可知，利用玻璃胶进行密封的测试结果更接近于标准值。玻璃胶自身具有隔声性能，因此在声学测量中，广泛采用玻璃胶进行密封处理。

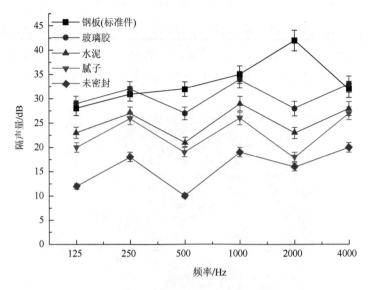

图 3-6　不同密封材料对测试结果的影响

噪声源距测试构件的距离对测试结果也具有一定的影响，距离越近其测量结果越偏小，距离越远则测量结果越偏大。选择合适的距离，可提高小混响室-消声箱法测量结果的准确性。因此本研究分析了噪声源距离测试构件分别 80cm、120cm、160cm 时对隔声性能测试结果准确性的影响。将测试结果与 3mm 厚钢板标准件的值进行比较，优化出噪声源放置的最佳距离。从图 3-7 可知，噪声源距离测试构件 80cm 的隔声量测试结果与标准件相比偏低，距离越远隔声量的测试结果越偏高。与标准件隔声量相比较，噪声源距测试构件 120cm 时更接近于标准件的隔声量。最终确定噪声源的位置以 120cm 最佳。

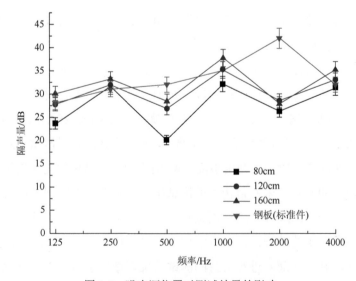

图 3-7　噪声源位置对测试结果的影响

小混响室-隔声箱法的测试结果按照国际标准化组织的 ISO 717 和国家标准 GB/T 50121—2005《建筑隔声评价标准》中计权隔声量 R_w 来表示,计权隔声量是通过标准曲线与构件的隔声频率特性曲线进行比较确定的。

R_w 的具体确定方法:对空气隔声量基准曲线与隔声构件隔声量频率特性曲线比对,满足 32dB 原则的标准曲线 500Hz 处隔声量为 R_w。32dB 原则:100～3150Hz 的 16 个 1/3 倍频程的构件隔声量比标准曲线的分贝数总和不大于 32dB。标准曲线如图 3-8 所示。

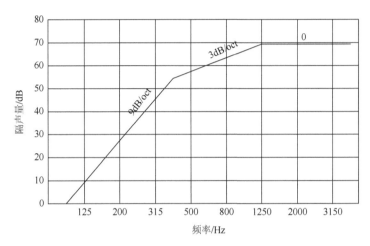

图 3-8 确定计权隔声量 R_w 的标准曲线

第三节 钢球自由下落撞击法

木地板具有纹理美观、脚感舒适等特点,是主要的地面装饰材料。但是,由于木材隔声性能差及地板的特殊结构,木地板普遍存在噪声问题。为了满足人们对木地板声场环境的要求,市场上近年来出现了静音地板产品。静音地板主要以木质材料为基材,通过对基材进行处理、采用特殊结构或将基材与其他材料复合等方法获得良好的降噪功能。利用钢球自由下落撞击法检测木地板静音性能是可行的,可为不同地板的静音性能给出精确的定量评价,并具有样品量小、简便、快捷、声场环境稳定、结果准确的特点。下面介绍钢球自由下落撞击法的相关原理和设备。

一、测试方法的设计原理及方法

人在木质地板上行走所产生的噪声,主要是由鞋跟撞击地板导致的。噪声产生过程可分为 3 部分:第一,鞋跟和地板相互作用,产生加速度噪声;第二,鞋跟和地板各自振动,产生自鸣噪声;第三,地板振动,沿楼板进行传播,并最终向楼下空间发出辐射噪声。由于撞击时间短促，产生的声信号仅持续 10～20ms，加速度噪声和辐射噪声很难分离开。因此，为了便于分析和评价地板的静音性能，将人在地板上行走所形成的噪声称为撞击声；在楼下空间形成的噪声称为撞击声隔声。

(一)测试方法设计原理与设备

(1)噪声产生过程的模拟

受人体重、身高、步幅、行走速度及鞋跟形状和硬度等影响，人在地板上行走的状况不同，产生的噪声差异可达到 5～8dB。为了避免各种因素使测试结果产生误差，并同时测得地板撞击声和撞击声隔声，此测试方法采用钢球从一定高度自由下落撞击地板模拟鞋跟撞击地板的过程，具有良好的可操作性和可重复性。

(2)测试环境的模拟

测试所处的声场环境、声源离麦克风的距离对结果影响较大，所以需要一个微型声学测试箱，以降低外界环境噪声的影响(隔声量＞30dB)。用 50mm 厚的大理石板材模拟楼板，将箱体分隔成上下两个空间，均可近似为半消音室声场环境。在上下两个空间中分别固定一个麦克风，可同时采集撞击声和撞击声隔声的信号数据。然后利用计算机对信号进行处理。

(3)性能测试指标确定

撞击声的值可以直接由计算机处理得到；对于撞击声隔声，其值主要受地板性能、楼板性能及地板和楼板之间的连接方式影响，为了直接、准确地得到不同地板的撞击声隔声，本试验采用撞击声隔声改善值来表述地板性能，其值为楼板铺地板前后的撞击声隔声之差，差值越大，说明隔声性能较好。

(4)测试设备

数据的采集及分析采用丹麦 B&K 公司生产的 PULSE 噪声-振动分析仪。

(二)测试方法

(1)声信号的频率分析

对噪声进行频谱分析时，为了方便，常将连续频率划分为若干个相连的小带。假设在每个小频带内能量是均匀分布的，可利用不同频带能量的分布情况对噪声进行分析。常用的频率分析带宽有两类：①窄频带宽，主要用于高精度的频谱分析；②1/1 倍频程和 1/3 倍频程带宽，用于简单的测量。两者均为百分比带宽，其频率带宽总是中心频率的恒定百分比。目前常用的噪声测试设备基本都是声级计，频率带宽多为 1/1 倍频程或 1/3 倍频程。为了对不同地板静音性能进行精确表征，本试验采用带宽 64Hz，频率范围 64Hz～25.6kHz。

(2)钢球重量和下落高度

从能量的角度来看，检测地板静音性能时可利用钢球自由下落撞击法，但撞击声的大小，不但受地板自身性能的影响，而且与钢球撞击地板时产生的能量有关。若固定钢球的下落高度，则可通过改变钢球重量得到不同的撞击结果。本试验取 4 个不同重量的钢球进行试验，并将钢球的下落高度固定在离地板 450mm 处，测试结果如表 3-2 所示。

表 3-2　试验条件和测试结果

钢球编号	重量/g	直径/mm	撞击声/dB	撞击声隔声/dB
1	110.7	30	103.0	98.4
2	67.4	25	1010	94.4
3	36.1	20	96.5	88.2
4	16.8	16	92.8	82.8

从表 3-2 可以看出，随着钢球重量的减小，撞击声和撞击声隔声都呈减小趋势。一般情况下，按身高 1.65m、体重 58kg、声源距离麦克风 1m 计，人在强化木地板上行走时，产生的撞击声为 80dB 左右。4 号钢球从高度 450mm 处自由下落时，产生的撞击声与实际人在地板上行走时的情况最为接近；同时，为保证测量的准确性，GB 6882—1986《声学噪声源声功率级的测定　消声室和半消声室精密法》规定，在测试频率范围内，背景噪声的声压级至少要比被测声源的声压级低 6dB。本试验测试系统背景噪声为 41.3dB，满足标准要求，因此，选用 4 号钢球进行模拟试验。

二、地板静音性能的测试试验

(1)材料和方法

为了验证钢球自由下落撞击法检测地板静音性能的可行性，分别对市场上常见的地板进行了测试。由于地板的结构、树种等因素都会影响其静音性能，而本试验主要是研究地板静音性能的表征，暂不考虑不同地板性能之间的差异，只对地板试件的尺寸规格做了统一处理(表 3-3)。

表 3-3　地板的规格尺寸

地板类型	长/mm	宽/mm	厚/mm
实木地板	150	120	15
实木复合地板	150	120	15
强化木地板	150	120	12

续表

地板类型	长/mm	宽/mm	厚/mm
软木复合地板	150	120	11
软木地板	150	120	4
静音木地板	150	120	13

(2)结果与分析

不同类型地板的静音性能测试结果如图 3-9 所示。从测试结果看，不同类型地板之间的静音性能差别较大，特别是撞击声最大相差 26.7dB，撞击声隔声改善值最大相差 6.8dB。可见，利用钢球自由下落撞击法可以对静音性能不同的地板进行区分，并可以得到量化指标值。本试验中的静音木地板与实木地板相比，静音性能相差不大。可见，市场上还存在一些名不副实的静音木地板。

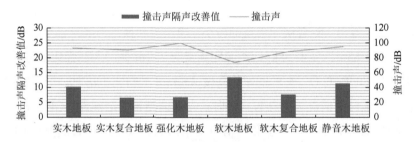

图 3-9　同规格地板的静音性能

参 考 文 献

常冠军. 2012 粘弹性阻尼材料[M]. 北京：国防工业出版社.

马大猷. 2002. 噪声与振动控制工程手册[M]. 北京：机械工业出版社.

彭妙颜，张承云. 2006. 人工混响的设计方法[J]. 电声技术，(1)：10-13.

孙伟圣，傅峰. 2010. 木基地板静音性能的测试方法研究[J]. 木材工业，24(1)：39-41.

周晓琴，胡佩之. 2006. 混响室-消声室法隔声测量方法研究及在汽车内饰材料上的应用[C]//湖北省声学学会成立二十周年纪念文集. 昆明：全国环境声学电磁辐射环境学术会议.

Boden H，Abom M. 1986. Influence of errors on the two-microphone method for measuring acoustic properties in ducts[J]. Journal of Acoustical Society of America，79(2)：541-549.

Chung J Y，Blaser D A. 1980. Transfer function method of measuring in-duct acoustic properties. II. Experiment[J]. The Journal of Acoustical Society of America，68(3)：914-921.

Ingard K U. 1953. On the theory and design of acoustic resonators[J]. The Journal of Acoustical Society of America，25(6)：1037-1061.

Ingard K U. 1954. Perforated facing and sound absorption[J]. The Journal of Acoustical Society of America，26(2)：151-154.

Ingard K U，Bolt R H. 1951. Absorption characteristics of acoustic material with perforated facings[J]. The Journal of Acoustical Society of America，23(5)：533-540.

Jing Z H，Zhao R J，Fei B H. 2004. Sound absorption property of wood for five eucalypt species[J]. Journal of Forestry Research，15(3)：207-210.

Lee Y E，Joo C W. 2004. Sound absorption properties of thermally Bonded nonwovens based on composing fibers and production parameters[J]. Journal of Applied Polymer Science，92（4）：2295-2302.

Seybert A F，Ross D F. 1997. Experimental determination of acoustic properties using a two-microphone random-excitation technique[J]. The Journal of Acoustical Society of America，61（5）：1362-1370.

Yang H S，Kim D J，Kim H J. 2003. Rice straw-wood particle composite for sound absorbing wooden construction materials[J]. Bioresource Technology，86（2）：117-121.

第四章 木质阻尼复合结构设计对隔声性能的影响

在不增加复合材料厚度及面密度的条件下，可通过对复合材料进行结构设计，提高复合材料的隔声性能。复合结构层数、结构对称性、阻尼结构、层合方式及阻尼层形状等参数对复合结构的隔声性能具有很大的影响。复合结构层数越多，声波的传播距离越长，导致声能损耗越大，隔声性能越好。结构不对称使得相邻层材料的特性阻抗和固有频率不同，声波反射率增加，声能透射减少，隔声性能提高。不同材料相复合时，材料排列的先后顺序对隔声性能有很大的影响。不同材料对低、中、高三个频段的隔声量不同，改变材料排列的先后顺序，可能改变对三个频段噪声阻隔的先后顺序。

第一节 结构对称性对复合结构材料隔声性能的影响

如图 4-1 所示，两条曲线分别表示上、下层中密度纤维板（medium density fiberboard，MDF）为对称结构和非对称结构的隔声性能。从中可知，在低频和高频范围内，非对称结构的隔声性能优于对称结构。根据霍夫（Hoff）夹层板理论的等效刚度法，由弹性力学理论可知，可将对称的夹层板等效为具有相同弯曲刚度与剪切刚度的单层板，设面板厚度为 t，板芯厚度为 h，表层弹性模量为 E_f，则夹层板的等效弯曲刚度定义为

$$D' = \frac{E_f(h+t)^2}{2(1-v_f^2)} + \frac{E_f t^3}{6(1-v_f^2)} \tag{4-1}$$

同时等效板的刚度可定义为

$$D = \frac{E_{eq} t^3_{eq}}{12(1-\mu)}, \quad \text{且} \ E_{eq} t_{eq} = 2E_f t \tag{4-2}$$

式中，E_{eq} 为夹层板结构的等效弹性模量(MPa)；t_{eq} 为夹层板的等效厚度；$\mu = v_f^2$，v_f 为表层板的泊松比。

由 $D' = D$ 可求得夹层板的等效厚度为

$$t_{eq} = \sqrt{t^2 + 3(h+t)^2} \tag{4-3}$$

当夹层结构为非对称结构时，结构整体厚度保持不变，当芯层橡胶厚度保持不变时，则将上下面板的厚度分别设为 $t - \Delta t$ 和 $t + \Delta t$，那么夹层板的刚度可表示为

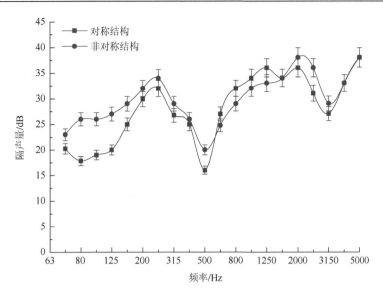

图 4-1　不同结构的隔声性能

$$E_{eq_1} t_{eq_1} = E_f(t - \Delta t) + E_f(t + \Delta t) = 2E_f t \qquad (4\text{-}4)$$

式中，E_{eq_1} 为夹层板结构的等效弹性模量（MPa）；t_{eq_1} 为夹层板的等效厚度。

非对称夹层板的等效厚度为

$$t_{eq_1} = \sqrt{\dfrac{4t^3 + 6ht^2 + 3h^2 t + 12(2t + h)\Delta t^2}{t}} \qquad (4\text{-}5)$$

将夹层板等效为单层板，则其有效刚度可表示为

$$D_{eq_1} = \dfrac{E_{eq_1} t_{eq_1}^3}{12(1 - v_f^2)} \qquad (4\text{-}6)$$

对比 D 与 D_{eq_1} 公式，可以得出上、下面板不对称能够增大结构整体的弯曲刚度，抑制板材的共振及吻合效应，从而提高夹层板的隔声性能。在 500Hz 共振频率处，非对称结构的隔声量大于对称结构。当将夹层设计为非对称结构，上下面板的厚度不等时，共振频率相互错开，不会同时发生共振，并具有相互制约的作用。因此非对称结构可以有效地抑制共振，增加结构在共振频率处的隔声性能。非对称结构每一层材料的特性阻抗不同，当声波入射到复合材料内部时，层与层之间的阻抗不匹配使得声波反射更加强烈，将声能转化成热能而耗散掉。从图 4-2 可知，非对称型约束阻尼结构的损耗因子较高，对称型约束阻尼结构的频域（即损耗因子的范围）较宽。对称性结构设计主要改变上下面板的厚度，R（rubber，橡胶）材料厚度不变。

图 4-3 是 R 材料为两层的 2 种 5 层复合结构在两层 R 材料厚度相同条件下的隔声性能比较，一种结构是两层 R 材料厚度分别为 0.8mm、1.2mm，但密度相同，为 2.3g/cm³；另一种结构是两层 R 材料厚度分别为 0.8mm、1.2mm，但密度不同，分别为 2.0g/cm³、2.5g/cm³。从图 4-3 可知，两种结构的隔声性能曲线趋势一致，差异不明显。500Hz 为复合材料的共振频率，两层 R 材料密度不同的结构在共振频率处的隔声量差值最大。如图 4-4 所示，两条曲线分别表示两种结构的损耗因子，它们的平均值在选择的温度范围内相等，因此复合材料的隔声性能在高频率范围内几乎没有变化。

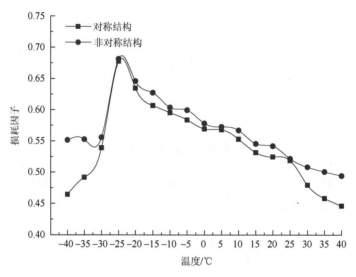

图 4-2 不同结构的阻尼性能

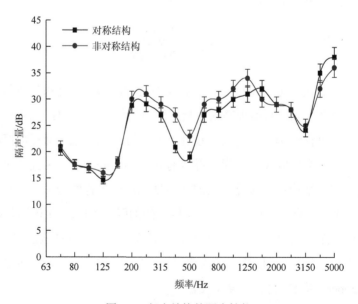

图 4-3 复合结构的隔声性能

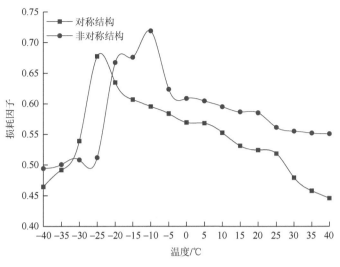

图 4-4　复合结构的阻尼性能

第二节　橡胶层数对复合结构材料隔声性能的影响

Narayanan 和 Shanbhag（1981）、Sargianis 和 Suhr（2011）研究了简支夹层板结构的隔声性能及声振耦合特性，利用理论模型分析了简支夹层板结构隔声性能的影响因素。结果发现，结构对称性、复合材料层数及阻尼结构等参数对其隔声性能有很大影响。Yoon 等（2000）和 Chen 等（2009）通过增加加强筋与改变层压板叠层结构提高三明治结构的隔声性能。Han 等（2015）将聚氯乙烯（PVC）与一定刚度的板材多层复合，通过增加复合结构层数及填充吸声材料来提高复合结构的隔声性能。Tsai（2015）研究了复合材料层数对其隔声性能的影响。Wareing（2015）研究了板材尺寸及结构参数对石膏夹层板隔声性能的影响，板材尺寸越大复合材料的隔声性能越好。Xia 等（2016）先将低密度聚乙烯与云母粉进行热压复合，再与低密度聚乙烯板材进行复合，研究了层数分别为 2、4、8、128 的 4 种试样的隔声性能。结果表明 128 层的试样隔声性能较好，即层数越多隔声性能越好。Arunkumar 等（2016）将纤维增强塑料板（FRP）与铝蜂窝板多层复合，通过改变复合结构的铺装角度提高其隔声性能。前人对金属阻尼复合结构隔声性能的研究比较成熟且比较系统，金属阻尼结构在隔声降噪领域已经得到了广泛应用。

如图 4-5 所示，三条曲线表示 R 材料层数分别为 0、1、2 的同等厚度的木质阻尼多层复合材料的隔声性能。根据多层结构的隔声机理，随着 R 材料层数的增加，复合材料的界面增加，声波每遇到一个界面都要经历反射、折射，使得声能大量消耗；另外，R 材料层数的增加还可以增大损耗因子，声能损耗增加，从而提高复合材料的阻尼性能。因此，复合材料的隔声性能曲线整体出现增加的趋势。如图 4-5 所示，随着 R 材料层数的增加，复合材料的计权隔声量从 23dB 增加到 38dB，增加了 15dB。在低频时，材料的隔声性能主要受到自身的刚度控制，出现了一系列的共振频率。当复合材料不加 R 材料层时，共振频率处的隔声量为 10dB；R 材料层数为 1 时，共振频率处的隔声量为 18dB；R 材料层数增加到 2 时，复合材料在共振频率处的隔声量为 23dB。随着 R 材料层数的增加，抑制了复合材料的共振，增加了共振频率处的隔声量。

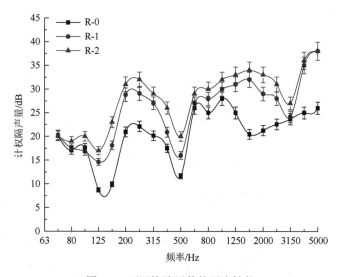

图 4-5　不同橡胶层数的隔声性能

R-0 表示复合材料不加 R 材料；R-1 表示复合材料加 1 层 R 材料；R-2 表示复合材料加 2 层 R 材料，下同

　　图 4-6 中三条曲线分别表示 R 材料层数不同的复合材料的损耗因子在一定温度范围内的变化。随着 R 材料层数的增加，复合材料的损耗因子增加。若 R 材料为黏弹性材料，

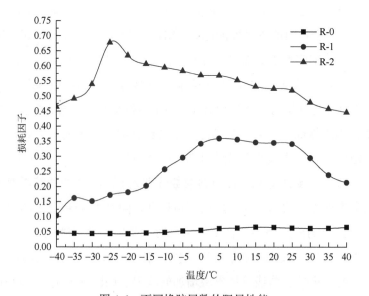

图 4-6　不同橡胶层数的阻尼性能

其层数增加时，会增加复合材料的损耗因子和阻尼降噪能力。当 R 材料层数为 0 时，损耗因子的平均值为 0.05；当 R 材料层数为 2 时，损耗因子的平均值为 0.61。在高频范围内，0 层橡胶的复合材料的临界频率为 1600Hz，隔声量为 21dB。R 材料层数为 2 时，临界频率为 3150Hz，隔声量为 28dB。复合材料的损耗因子越大，阻尼性能越好，使得临界频率向高频移动，抑制了吻合效应，吻合谷变浅，隔声量增加。

第三节　阻尼结构对复合结构材料隔声性能的影响

自由阻尼处理是将一层一定厚度的黏弹性阻尼材料敷贴在基材表面，由于黏弹性阻尼层外侧表面处于自由状态，因此这种结构称为自由阻尼结构。如图 4-7 所示，当结构发生振动时，阻尼层随之一起振动，阻尼层内部发生拉压变形，从而消耗系统的振动能量。但是自由阻尼处理的耗散能量较小，特别是低频减振效果较差。自由阻尼结构的阻尼处理效果主要受损耗模量影响，损耗模量越大，阻尼降噪效果越好。

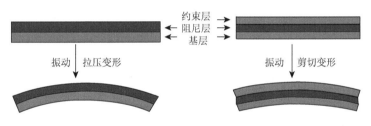

图 4-7　阻尼结构示意图

约束阻尼结构是一种夹层结构，又称为剪切型阻尼结构。该结构以需要减振设计的结构件作为基层，黏弹性材料为阻尼层，其上再覆盖一层与基层材料相同或不同的弹性层作为约束层，其中基层和约束层也常称为弹性层。由于弹性层的弹性模量远大于阻尼层，在发生弯曲振动时，弹性层的拉压变形远小于阻尼层的拉压变形，阻碍阻尼层的拉伸和压缩，从而使阻尼材料内部产生剪切应变和剪切应力，利用黏弹性阻尼层的剪切效应来达到耗散振动能的作用。约束阻尼结构与自由阻尼结构相比，可以提供较高的损耗因子、较宽的有效阻尼温域和频率范围，并可控多峰谐振。

如图 4-8 所示，4 条曲线分别表示 R 材料层数为 1 和 2 的表面阻尼处理分别为自由阻尼和约束阻尼的复合材料的隔声性能。R-1（约束）材料约束阻尼结构的隔声性能曲线整体优于 R-1（自由）、材料的自由阻尼结构。如图 4-9 所示，自由阻尼结构的计权隔声量为 26dB，约束阻尼结构的计权隔声量为 32dB，提高了 6dB。在共振频率和临界频率处，约束阻尼结构的隔声量比较大。约束阻尼结构在基层发生弯曲振动使阻尼层伸长时，约束层会阻碍阻尼层的伸长；相反，阻尼层因为弯曲振动而发生压缩时，约束层又阻碍其压缩。这使得阻尼层内部产生交变的剪切应力和应变，能更大程度地使振动能转化为内能。而自由阻尼结构没有约束层，振动容易传播出去，因此阻尼性能较弱，隔声性能较差。如图 4-10 所示，约束阻尼结构的损耗因子大于自由阻尼结构的损耗因子。在高频范围内，吻合效应的强弱取决于材料的阻尼性能，阻尼性能越强，吻合谷越浅。

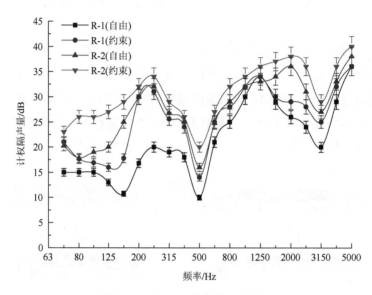

图 4-8 不同阻尼结构的隔声性能

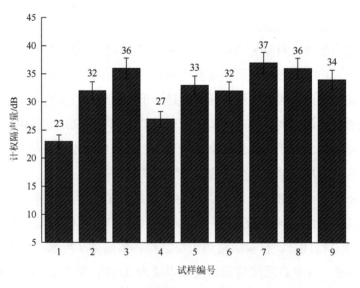

图 4-9 木质阻尼多层复合材料的计权隔声量

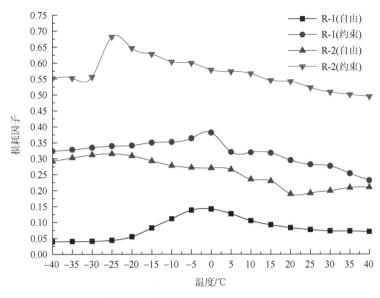

图 4-10　不同阻尼结构的阻尼性能

　　2 层 R 材料的约束阻尼结构的隔声性能优于自由阻尼结构。如图 4-8 和图 4-9 所示，复合材料的共振频率为 500Hz，在共振频率处，约束阻尼结构的隔声量比自由阻尼结构提高 4dB。在−40～40℃，R-2(自由)材料的损耗因子平均值为 0.31，R-2(约束)材料的损耗因子平均值为 0.61，R-2(约束)比 R-2(自由)材料增加了 0.30。在临界频率处，R-1(约束)材料隔声量高于 R-1(自由)材料。由此可见设计为约束阻尼结构使得材料的隔声性能达到最佳。

　　为了获得质轻、厚度薄、隔声性能好的复合结构，我们验证了阻尼材料及阻尼结构对隔声性能的影响。如图 4-11 所示，三条曲线分别表示无阻尼结构、自由阻尼结构及

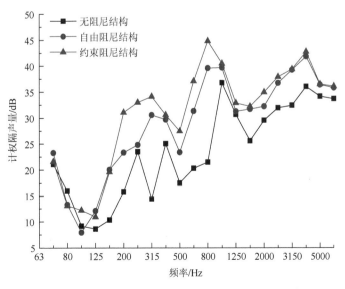

图 4-11　阻尼结构对复合结构材料隔声性能的影响

约束阻尼结构的计权隔声量。无阻尼结构的计权隔声量为 23.6dB，自由阻尼结构的计权隔声量为28.9dB，约束阻尼结构的计权隔声量为32.8dB。复合结构中无橡胶材料，传递损失量较低。无阻尼结构出现两次隔声量低谷，因此加入阻尼材料可有效地降低复合结构的共振频率，提高其在共振频率处的隔声量，抑制复合结构的吻合效应，使得吻合谷变浅。约束阻尼结构在受到声波激励时，阻尼层除了发生拉压变形之外，还会产生剪切变形，从而比自由阻尼处理起到更大的耗散振动能的作用。约束阻尼结构的阻尼降噪能力更强，更有效地降低了复合结构的共振频率及吻合效应，因此约束阻尼结构的隔声性能更好。

图4-12对比了具有相同面密度的单层MDF板（MDR）、木质阻尼复合材料（MDF/R）及以木质阻尼复合材料作为上下面板、中间填充多孔吸声材料的复合结构[MDF/R（填充多孔材料）]的隔声性能。三种板材的计权隔声量分别为29dB、37dB、41dB，从单层MDF板到MDF/R（填充多孔材料），计权隔声量增加12dB。从图4-12可知，木质阻尼复合材料的隔声性能优于单层MDF板的隔声性能。R材料的加入，抑制了复合材料的共振及吻合效应，提高了复合结构的阻尼性能，充分发挥了其阻尼降噪性能。将6mm木质阻尼复合材料作为上下表板，填充10mm三聚氰胺吸声棉并配合5mm的空气层后，可有效地提升复合材料在中高频段的声学特性。

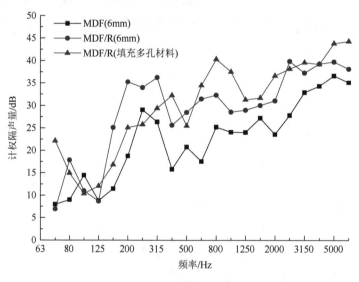

图4-12 三种板材隔声性能的对比

第四节 多孔材料填充方式对复合结构材料隔声性能的影响

徐卫国等（2001）发明了一种应用于高速列车的蜂窝隔音板，以蜂窝板作为复合材料的芯板，在蜂窝芯的孔内填充橡胶材料，可提高复合材料的隔声性能。橡胶材料的填充方式简单且能够充分发挥其阻尼降噪的能力，使得复合结构具有良好的隔声效果。戴新进等(2006)以一定刚度的陶瓷材料为表层，以橡胶材料为中层，以挤塑聚苯乙烯为底层并作为隔声层，组合成阻尼复合结构材料，通过改变复合结构的层合顺序，提高了其隔声性能。层合顺序不同，层与层之间的特性阻抗不同，声能损耗大小也就不同。复合材料的层数对其隔声性能有一定的影响，结构层数增加，声波的传播距离增加，声能损耗变大。王亚南对铝/铝、铝/多孔聚氨酯/铝、铝/多孔聚氨酯/空气层/铝、铝/多孔聚氨酯/橡胶/铝 4 种板材的隔声性能进行了对比，研究表明，铝/多孔聚氨酯/橡胶/铝的隔声性能较优。此复合材料综合了铝板的隔声性能，多孔聚氨酯的吸声性能及橡胶材料的阻尼性能，从而达到了综合的降噪效果。袁新浩(2009)通过改变夹芯材的形状来提高三明治夹层结构的隔声性能。形状不同，隔声性能不同。芯层阻尼材料主要的功能是抑制板材发生由声波引起的弯曲振动，板材在发生弯曲振动时可能某一部位振动较强烈，因此将阻尼材料裁切成一定的形状，主要对振动较强烈的部位进行减振降噪。通过优化，获得最佳的阻尼材料形状，最大程度上抑制板材的共振。李煊等(2010)通过研究阻尼材料与板材组合方式对板材隔声性能的影响规律，优化了阻尼材料与板材的组合方式，从而提高了板材的隔声性能。阻尼材料与板材组合成的结构分为两类，一类是自由阻尼结构，另一类是约束阻尼结构。不同的减振降噪条件所要求的阻尼结构不同。黄金林(2014)主要研究了阻尼复合板中板层与阻尼材料连接方式对其隔声性能的影响，结果发现，板层连接方式中胶黏结方式的隔声性能最佳。这种方式使阻尼材料完全粘贴到板材表面，与板材紧密结合，当复合阻尼结构发生弯曲振动时，阻尼材料可以充分发挥阻尼降噪性能。螺钉连接方式使得复合结构内部形成声桥，从而大大降低阻尼复合结构的隔声性能。因此，选择合适的板材与阻尼连接方式，也可以有效地提高声学性能。

多孔材料的填充方式对复合结构的隔声性能具有很大的影响。双层结构中填充多孔材料有 3 种典型的方式：BB、BU 及 UU，它们均为保持空腔总体厚度不变，只改变吸声材料和空气层的厚度。图 4-13(a)为自由阻尼结构中多孔材料的 3 种填充方式；图 4-13(b)为约束阻尼结构中多孔材料的 3 种填充方式。

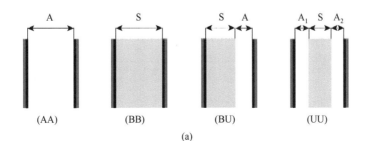

(AA)　　　　(BB)　　　　(BU)　　　　(UU)

(a)

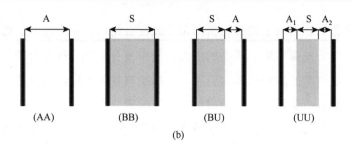

(b)

图 4-13 双层夹层板的不同结构：AA、BB、BU 及 UU

S：多孔材料；A：空气层

1）"BB"是利用白乳胶直接将多孔材料粘贴在上下表板上，不含空气层。

2）"UU"表示多孔材料与上下表板不黏接，通过一定厚度空气层分隔。

3）"BU"表示多孔材料一侧粘贴在上表板上，另一侧与下表板通过空气层分隔。

4）"AA"表示双层板结构中间未填充多孔材料，为空气层。

为了探究填充多孔材料对复合板材隔声性能的影响规律，对比了有无多孔材料复合板的隔声性能。如图 4-14 所示，4 条曲线分别是 AA、BB、BU 及 UU 4 种结构的隔声性能曲线。在低频段，BB 结构的隔声性能较佳。BB 结构中多孔材料直接粘贴在表板上，增加了复合板材整体的刚度，使得复合板材的弯曲共振现象减弱，提高了共振频率处的隔声量。在中高频段，BU 结构的隔声性能优于 BB、UU 结构的隔声性能。BU 结构是将多孔材料的一侧粘贴在上表板上，与 UU 结构相比，增加了复合结构的刚度，另一侧与空气层相配合，由于多孔材料与空气层的特性阻抗不匹配，增加了声波的反射强度及声

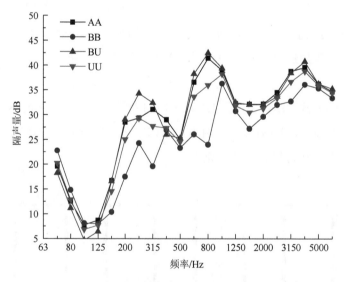

图 4-14 多孔材料填充对复合结构隔声性能的影响

能损耗，使得其隔声性能优于 BB 结构。在高频段，AA、BU 及 UU 三种结构的隔声性能曲线趋于一致，由于 BU、UU 结构填充了多孔材料，当声波入射到多孔材料时，孔隙间的黏滞力作用可将声波通过内部空气和结构时的声能转换成热能或其他可以损耗的能量。同时吸声材料的阻尼作用抑制了复合结构的振动，特别是共振频率处的振幅，抑制了吻合效应，吻合谷变浅，从而达到耗散能量、提高隔声效果的目的。在整个频率范围内，BU 结构的隔声性能最优。因此多孔材料与空气层相配合时，在不增加复合结构重量的前提下，可以有效地提高其隔声性能。

第五节　多孔材料种类对复合结构材料隔声性能的影响

基材种类、厚度、密度、损耗因子、弹性模量及劲度等参数对复合结构材料的隔声性能具有一定的影响。在低频范围内，材料的隔声性能主要受劲度影响。随着频率升高，材料的隔声性能受基材与阻尼材料厚度及密度的影响较大，其隔声性能与面密度及厚度成正比。随着频率上升到一定程度时，板材出现吻合效应，可通过增加材料的损耗因子、损耗模量来抑制吻合效应。

陆晓军(2000)研究了基材种类、附加板厚度和附加板隔声性能等参数对复合阻尼钢板隔声性能的影响。结果发现，附加板的隔声性能越强，复合材料整体的隔声性能越强。陆红艳(2003)将黏弹性阻尼材料直接黏附在结构体上或板材表面(称为附加阻尼结构)，通过增加阻尼层的厚度及改变芯层阻尼材料的种类来提高隔声性能。研究表明，阻尼材料的厚度越大，其内摩擦损耗因子越大。Yin 等(2007)、Ng 和 Hui(2008)通过改变材料的硬度及刚度来提高复合阻尼结构板的隔声性能。研究表明，阻尼性能和硬度越高，复合阻尼结构板的隔声性能越好。辛锋先等(2008)通过改变芯层阻尼材料的损耗因子来提高夹层结构板材的隔声性能。研究发现，芯层阻尼材料的内摩擦损耗因子越大，阻尼复合结构在高频段的隔声性能越好，结构的吻合谷较浅，临界频率向高频移动及此处的隔声量增加。万翾(2013)研究了正交各向异性复合板的隔声性能，通过优化复合板铺设角度、板厚和密度等参数来提高复合结构材料的隔声性能。结果表明，板材铺设角度为 45°时，复合材料的隔声性能最佳。板材的铺设角度不同，可能复合板材的弹性模量不同，因此对板材的隔声性能产生一定的影响。王康乐(2014)探讨了芯层阻尼材料种类、损耗因子、厚度、平面尺寸及弹性模量在不同频率对金属阻尼结构隔声性能及辐射特性的影响规律。结果表明，损耗因子越高，金属阻尼结构在高频段的隔声性能越好；弹性模量及厚度越大，金属阻尼结构的劲度越大，抑制板材共振的能力越强。随着阻尼材料损耗因子、厚度、平面尺寸及弹性模量增加，金属阻尼结构的阻尼降噪能力增强。

　　本试验选择三种多孔材料作为填充吸声材料，为了合理地选择最佳的填充吸声材料，首先对三种多孔材料的吸声性能进行比较。如图 4-15 所示，三条曲线分别为聚酯纤维吸声板、玻璃纤维吸声板及三聚氰胺吸声棉的吸声特性。三条吸声特性曲线总的变化趋势是吸声系数随频率的增加而增加，曲线由低频向高频逐步升高，在高频段出现不同程度的起伏，随着频率继续升高，起伏逐步缩小，趋向一个缓慢变化的数值。在低频段，聚酯纤维吸声板的吸声性能优于其他两种吸声材料。在中频段，玻璃纤维吸声板的吸声性能较优。在高频段，三种材料的吸声特性曲线趋于一致。在吸声性能的基础上，研究三种多孔材料对复合结构隔声性能的影响。

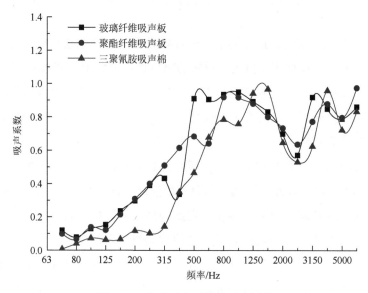

图 4-15　多孔吸声材料的吸声系数

　　如图 4-16 所示，三条曲线分别表示填充 10mm 厚聚酯纤维吸声板、玻璃纤维吸声板及三聚氰胺吸声棉并加 5mm 厚空气层的复合结构的隔声性能，计权隔声量分别为 39.5dB、37.5dB、41dB。在低频段，填充玻璃纤维吸声板复合结构的隔声性能较差，填充三聚氰胺吸声棉与聚酯纤维吸声板复合结构的隔声性能无明显差异。在中频段，填充聚酯纤维吸声板复合结构的隔声性能略差，另外两种材料的隔声性能曲线趋于一致。填充三种吸声材料复合结构的共振频率都为 500Hz，在共振频率处，填充聚酯纤维吸声板复合结构的隔声量比较低。在整个频率范围内，填充三种吸声材料复合结构的隔声性能区别不明显，填充三聚氰胺吸声棉复合结构的隔声性能相对较优。虽然玻璃纤维吸声板与三聚氰胺吸声棉的吸声系数区别不明显，但由于玻璃纤维吸声板强度较低，易分解脱落，因此对环境有一定的污染，还会严重影响人们的身体健康，而三聚氰胺吸声棉比聚酯纤维吸声板轻，且具有吸声性能好、质轻、环保、性能稳定、有良好后加工性和装饰性等优点，因此在后续研究中选择三聚氰胺吸声棉为填充多孔材料。

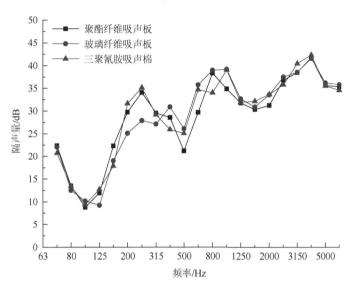

图 4-16　填充不同多孔吸声材料对复合结构隔声性能的影响

第六节　多孔材料厚度及空气层厚度对复合结构材料隔声性能的影响

如图 4-17 所示，三条曲线表示按照 BB 结构分别填充 5mm、10mm、15mm 厚三聚氰胺吸声棉复合结构的隔声性能，其计权隔声量分别为 35dB、38dB、39dB。当厚度从 5mm增加到 15mm 时，计权隔声量增加了 4dB。第一个共振频率随着多孔材料厚度的增加向低频偏移；在共振频率处，填充厚度为 5mm 的隔声量为 16dB，厚度为 15mm 的隔声量为 23dB，隔声量增加了 7dB。随着多孔材料厚度增加，抑制了复合结构的共振，共振频率处的隔声量增加。吸声材料厚度增加，复合结构的阻尼性能增加，临界频率向高频移动，复合结构吻合效应得到抑制，吻合谷变浅。

经研究表明，填充吸声材料的空腔中具有一定的空气层，将吸声材料与空气层相互配合，在不增加复合结构重量的前提下，可以有效地提高复合结构的隔声性能。如图 4-18所示，三条曲线表示填充 5mm 厚吸声材料，空气层分别厚 0mm、5mm、10mm 复合结构的隔声性能。随着空气层厚度增加，复合结构的隔声性能增加。空气层厚度为 0mm 复合结构的隔声性能远小于有空气层复合结构的隔声性能。当增加空气层时，空气层与相邻层吸声材料及表板特性阻抗不匹配，增加了声波的反射强度，使得声能损耗增加，隔声性能提高。增加空气层会使复合结构的阻尼性能增加，使得复合结构的吻合谷变浅，隔声量增加。

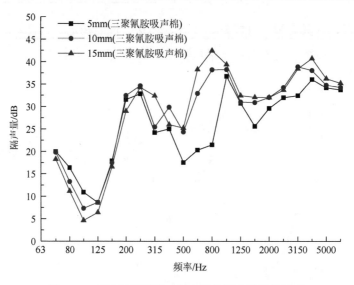

图 4-17　多孔材料厚度对复合结构隔声性能的影响

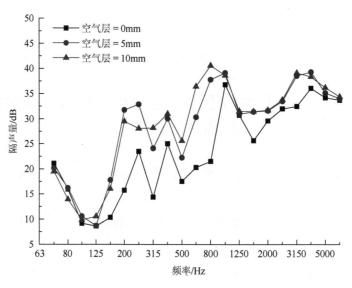

图 4-18　空气层厚度对复合结构隔声性能的影响

第七节　表板厚度对复合结构材料隔声性能的影响

复合结构表板厚度对其隔声性能有很大影响。图 4-19 展示了不同表板厚度对隔声性能的影响规律。上下面板为对称结构时，增加面板的厚度可以提高复合结构的隔声性能。在整个频率范围内，随着表板厚度的增加，复合结构的隔声性能提高。当表板厚度增加时，复合结构共振频率向低频移动。其原因是当表板厚度增加时，复合结构的刚度增加，其抵抗振动弯曲变形的能力增强。

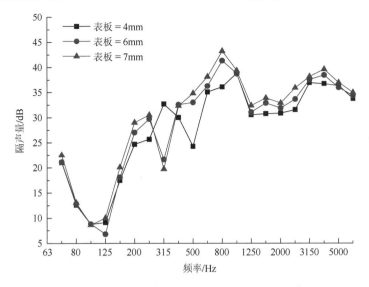

图 4-19　表板厚度对复合结构隔声性能的影响

第八节　木质阻尼复合隔声材料在木质门中的应用

普通木质门实测的隔声量在 15～18dB；钢质门由于面密度增大，且门缝里有密封胶条，隔声量增加至 20～22dB；而塑料门质轻，门扇壁薄，隔声量较低。为了实现高隔声量而又不致门扇过重，可以采用多层复合结构的门扇，由声固有频率及特性阻抗不同的轻质材料组合而成；也可以采取空腔结构，并在空腔中填充松软的吸声材料来提高门扇的隔声量。填充的吸声材料以处于稍微压缩的状态为宜，因为紧贴面板的吸声材料刚好能起到抑制面板振动、消除或减弱腔内共振声波等作用，有利于提高整体门扇的隔声量。普通胶合板门的平均隔声量为 18.8～20.4dB，计权隔声量为 20～23dB，达不到理想的隔声效果。在室内装修中，由于木质材料独特的优点，人们更加青睐木质门，因此提高木质门的隔声性能具有重大意义。将第二至四章研究所获得的新型木质阻尼复合隔声材料实际应用到木质门中具有现实意义。

将新型的木质阻尼复合结构作为木质隔声门的表板，表板中间为框架结构，在框架中按照 BU 结构填充三聚氰胺吸声棉和空气层，将获得的新型木质阻尼复合隔声门与普通门进行隔声性能对比，验证木质阻尼复合结构材料的隔声性能。

一、木质门的材料

所需要的材料同第三和四章，按照第二章的热压工艺制作木质阻尼复合材料。试样尺寸为 800mm×2000mm，将吸声材料裁切为 160mm×362mm、160mm×372mm、165mm

×362mm 和 165mm×372mm 4 种尺寸。木质门芯层结构为 LVL（同向），在框架结构中填充三聚氰胺吸声棉。所获得的木质阻尼复合材料隔声门的结构如图 4-20 所示。

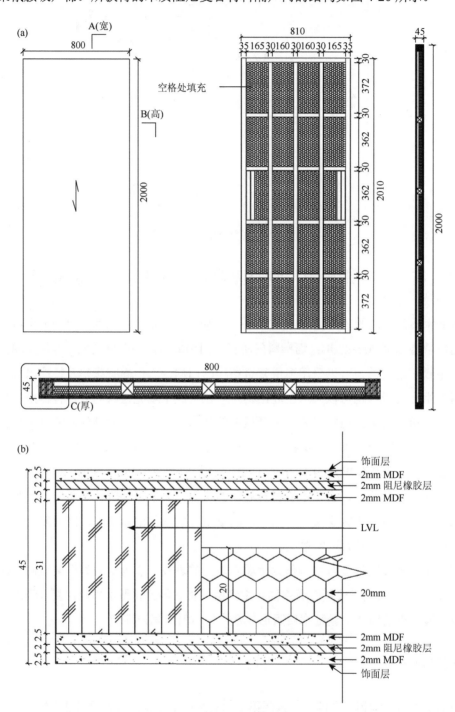

图 4-20　复合材料在木质门中应用的结构示意图（单位：mm）

（a）木质阻尼复合门整体尺寸；（b）木质阻尼复合门剖面结构

二、木质隔声门的生产工艺

木质阻尼复合门是指以饰面木皮为表面材料，以 MDF/R/MDF 复合材料为门扇（起一定的骨架支撑作用），以三聚氰胺吸声棉为芯材复合制成的木质门。木质阻尼复合门门扇的生产工艺流程图如图 4-21 所示。

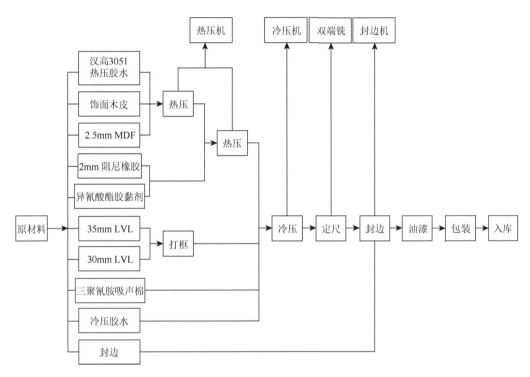

图 4-21 木质阻尼复合门门扇生产的基本工艺流程图

三、木质门的现场测试

木质阻尼复合隔声门的隔声性能依据国家标准 GB/T 8485—2008《建筑门窗空气声隔声性能分级及检测方法》中检测方法进行测试。测试地点：国家人造板与木竹制品质量检验监督中心。检测装置如图 4-22 所示。木质门测试安装如图 4-23 所示。

混响室法的实验室是由两个相邻的混响室组成的，一个称为声源室，另一个称为接收室。两相邻混响室之间的洞口为试件安装位置，洞口的大小正好是门扇的尺寸。测量设备包括接收系统和声源系统两部分。声源系统由白噪声或粉红噪声发生器、1/3 倍频程滤波器、功率放大器和扬声器组成；接收系统由放大器、1/3 倍频程分析器和记录仪器等组成。

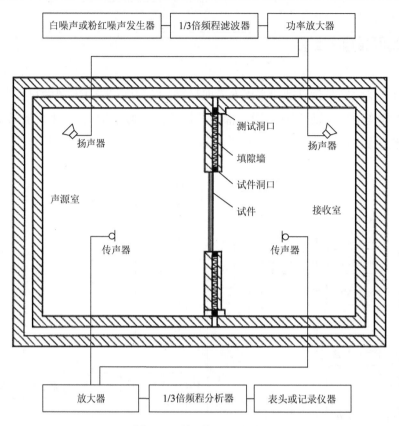

图 4-22　检测装置示意图

图 4-23　木质门测试安装

　　将新型木质阻尼复合材料作为室内门原材料，获得一种新型的木质阻尼复合隔声门。为了验证新型木质阻尼复合隔声门的隔声效果，将其与普通木质门的隔声性能相比较。如图 4-24 所示，两条曲线分别表示木质阻尼复合隔声门与普通木质门的隔声性能。从中可知，木质阻尼复合隔声门隔声性能优于普通木质门。普通木质门的计权隔声量为 19dB，木质阻尼复合隔声门的计权隔声量为 31dB，比普通木质门增加了 12dB。从曲线可知，普通木质门出现了一系列的共振频率，而木质阻尼复合隔声门仅在频率为 80Hz 时出现一次共振。R 材料及三聚氰胺吸声棉的应用，有效地抑制了新型木质阻尼复合隔声门的共振，其共振频率处的隔声量比普通木质门增加了 12dB。随着频率的升高，木质阻尼复合隔声门的隔声性能越来越优于普通木质门。在高频范围内，木质阻尼复合隔声门的吻合谷变浅，临界频率向高频移动，抑制了吻合效应。

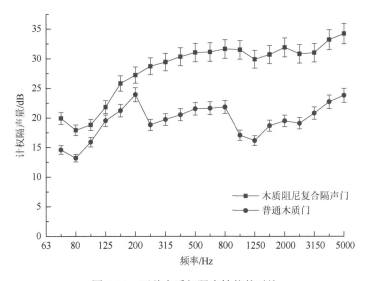

图 4-24　两种木质门隔声性能的对比

第九节　小　　结

　　1) 非对称结构的隔声性能优于对称结构的隔声性能。非对称结构在低频段和高频段的隔声性能较对称结构显著提高。上下面板厚度不等时，其固有频率及特性阻抗不同，抑制了复合材料的共振，共振频率处的隔声量提高了 3~4dB。结构对称与否对复合材料的损耗因子影响不显著。5 层复合材料中两层 R 材料厚度相同、密度不同时，有利于提高隔声性能。

　　2) 随着 R 材料层数的增加，损耗因子增加，复合材料阻尼性能增加，临界频率向高频移动，吻合谷变浅，抑制了吻合效应，计权隔声量从 0 层的 23dB 增加到 2 层的 38dB，增加了 15dB。

3) 一层 R 材料的约束阻尼结构的隔声性能优于自由阻尼结构。自由阻尼结构的计权隔声量为 26dB，约束阻尼结构的计权隔声量为 32dB，增加了 6dB。约束阻尼结构的损耗因子大于自由结构的损耗因子，抑制了复合材料的共振及吻合效应。两层 R 材料的约束结构的隔声性能优于自由结构的隔声性能，计权隔声量增加了 4dB。

4) 选择的三种多孔材料吸声性能曲线趋于一致，填充三种吸声材料复合材料的隔声性能区别不明显。从减轻复合材料重量及环保角度出发，确定以三聚氰胺吸声棉作为填充材料。在三种填充方式中，BU 结构的隔声性能较优。

5) 当吸声材料的厚度从 5mm 增加到 15mm 时，复合结构的隔声性能提高。当 MDF 厚度增加时，复合结构的面密度增加，隔声性能增加。自由阻尼结构的耗散能量较小，特别是低频减振效果较差。

6) 最终确定材料的参数及结构为 MDF 厚度 2mm，约束阻尼结构，上下 MDF 厚度相等且呈对称排布，多孔材料的填充形式为 BU 结构，填充 10mm 的三聚氰胺吸声棉及 5mm 的空气层，获得了一种兼具吸声、隔声及阻尼性能的新型木质阻尼复合隔声材料。将新型木质阻尼复合材料作为室内门材料，新型木质阻尼复合隔声门比普通木质门计权隔声量增加了 12dB。

参 考 文 献

陈继浩, 冀志江, 王静, 等. 2012. 轻质复合墙体隔声性能研究[J]. 环境工程, (1)：9-12.

陈卫松, 邱小军. 2005. 多层板的隔声特性研究[J]. 南京大学学报(自然科学), 41(1)：91-97.

戴新进, 林家浩, 陈浩然. 2006. 附面阻尼随频率变化的复合材料层合结构随机振动分析[J]. 复合材料学报, 23(1)：173-179.

黄金林. 2014. 阻尼复合板隔声性能分析[D]. 大连：大连理工大学硕士学位论文.

蒋松霖, 李姜, 郭少云. 2009. 交替多层 TPU/SEBS 复合材料阻尼隔声性能的研究[J]. 广州化工, 37(5)：69-71.

李煊, 梁森, 吴宁晶, 等. 2010. 嵌入式共固化复合材料阻尼结构隔声性能实验研究[J]. 噪声与振动控制, (5)：91-94.

陆红艳. 2003. 板结构的振动声辐射及其隔声性能研究[D]. 武汉：武汉理工大学硕士学位论文.

陆晓军, 王登峰, 高印寒, 等. 2000. 有限结构复合阻尼钢板的声辐射隔声量估算和结构参数的影响[J]. 吉林大学学报(工科版), 30(3)：51-55.

孙伟圣, 傅峰. 2010. 木基地板静音性能的测试方法研究[J]. 木材工业, 24(1)：39-41.

谭亮红, 陈红, 罗亿科, 等. 2014. 阻尼结构对复合结构阻尼性能的影响[J]. 橡胶工业, 61(2)：84-88.

万翾, 吴锦武. 2013. 传递矩阵法分析复合材料复合板的传声损失[J]. 噪声与振动控制, (1)：40-45.

王康乐, 温华兵, 陆金铭, 等. 2014. 橡胶芯夹层板隔声特性研究[J]. 噪声与振动控制, 34(2)：192-195.

王亚南, 李明俊, 胡健东, 等. 2015. 多孔夹芯多层复合板的总传递矩阵及其吸隔声分析应用[J]. 南昌航空大学学报(自然科学版), 29(1)：7-12.

辛锋先, 卢天健, 陈常青. 2008. 轻质金属三明治板的隔声性能研究[J]. 声学学报, 33(4)：340-347.

徐卫国. 2001. 高速列车蜂窝隔音板[P]. 中国, CN 2505357 Y.

杨金水. 2017. 新型轻质复合材料夹芯结构的振动阻尼特性研究[D]. 哈尔滨：哈尔滨工业大学博士学位论文.

杨军伟, 蔡俊, 邵骢. 2013. 微穿孔板-蜂窝夹芯复合结构的隔声性能[J]. 噪声与振动控制, 33(4)：122-126.

杨雪, 王源升, 朱金华, 等. 2005. 多层阻尼复合结构阻尼性能[J]. 复合材料学报, 22(3)：175-181.

袁新浩. 2009. 皱褶芯材夹层结构的隔声设计[D]. 南京：南京航空航天大学硕士学位论文.

Arunkumar M P，Jagadeesh M，Pitchaimani J，et al. 2016. Sound radiation and transmission loss characteristics of a honeycomb sandwich panel with composite facings：effect of inherent material damping[J]. Journal of Sound & Vibration，383：221-232.

Chen M J，Pei Y M，Fang D N. 2009. Computational method for radar absorbing composite lattice grids[J]. Comput Mater Sci，46(3)：591-594.

Han T，Wang X，Xiong Y，et al. 2015. Light-weight poly(vinyl chloride)-based soundproofing composites with foam/film alternating multilayered structure composites[J]. Composites Part A：Applied Science and Manufacturing，78：27-34.

Lu W Y，Wang W H，Weih C K. 2009. Vibroacoustic attenuation effect of sandwich damping material on pipe flow noise[J]. Journal of Marine Science & Technology，17(1)：34-41.

Narayanan S，Shanbhag R L. 1981. Sound transmission through elastically supported sandwich panels into a rectangular enclosure[J]. Journal of Sound and Vibration，77(2)：251-270.

Ng C F，Hui C K. 2008. Low frequency sound insulation using stiffness control with honeycomb panels[J]. Applied Acoustics，69(4)：293-301.

Sargianis J J，Suhr J. 2011. Wave number and damping characterization for sound and vibration mitigation in sandwich composite structures[J]. Journal of the Acoustical Society of America，130(4)：2326.

Tsai Y T，Pawar S J，Huang J H. 2015. Optimizing material properties of composite plates for sound transmission problem[J]. Journal of Sound & Vibration，335：174-186.

Wareing R R，Davy J L，Pearse J R. 2015. Variations in measured sound transmission loss due to sample size and construction parameters[J]. Applied Acoustics，89：166-177.

Xia L，Wu H，Guo S，et al. 2016. Enhanced sound insulation and mechanical properties of LDPE/mica composites through multilayered distribution and orientation of the mica[J]. Composites Part A Applied Science & Manufacturing，(81)：255-233.

Yin X，Cui H. 2009. Acoustic radiation from a laminated composite plate excited by longitudinal and transverse mechanical drives[J]. Appl Mech-Trans ASME，76：044501.

Yin X，Gu X，Cui H，et al. 2007. Acoustic radiation from a laminated composite plate reinforced by doubly periodic parallel stiffeners[J]. Sound Vib，306(3-5)：877-889.

Yoon K H，Yoon S T，Park O O. 2000. Damping properties and transmission loss of polyurethane. I. Effect of soft and hard segment compositions[J]. Appl Polym Sci，75：604-611.

Yungwirth C J，Wadley H N G，O'Connor J H，et al. 2008. Impact response of sandwich plates with a pyramidal lattice core[J]. Int J Impact Eng，35：920-936.

第五章　木质阻尼复合材料制备

木质材料被广泛应用于室内门、建筑隔墙、木质地板、家具等室内装修，室内门、木质地板、建筑隔墙要求一定的隔声性能。木质材料密度较低，其隔声效果较差，达不到理想的隔声效果。但建筑中经常开启的部分，如门窗等，以质轻及开启方便为原则，希望能利用木材或木质材料这种密度低、强重比大的材料。传统提高木质材料隔声性能的方法是增加其厚度及面密度，新型的隔声复合材料向着质轻、厚度薄、隔声性能好的方向发展。新型的隔声材料以多层复合材料为主，通常将一种或者两种以上材料多层复合，增加声波的传播距离，增加声能损耗。将两种以上的材料交替复合，不同材料的特性阻抗不同，相邻材料之间特性阻抗失配，声能损耗增加。

将阻尼材料与一定刚度的板材复合，是提高单层匀质材料隔声性能并拓宽其使用范围的有效方法之一。对于阻尼复合结构，目前的研究大多集中在金属阻尼结构，即以金属材料为表板、橡胶板为夹芯层组成的多层复合材料，解决了橡胶材料不能单独作为结构建筑材料的问题，且所获得的复合板材的隔声性能优于同等厚度的金属单板。根据金属阻尼结构的隔声机理，将木质材料与橡胶材料复合，研究二者复合的热压工艺，通过优化热压时间、热压压力及涂胶量，使得复合材料隔声性能与力学性能兼优，为木质阻尼复合材料的开发研究及应用提供新思路。

第一节　材料与检测方法及设备

一、材料

1)中密度纤维板(MDF)：北新国际木业有限公司生产，密度为 $0.65g/cm^3$，厚度为 $2.0mm\pm0.1mm$，含水率为 4.5%。

2)阻尼材料：天津橡胶工业研究所有限公司生产，密度为 $2.3g/cm^3$，厚度为 $2.0mm\pm0.2mm$；能承受的温度范围为 $-20\sim100℃$。

3)异氰酸酯胶：上海亨斯迈聚氨酯有限公司生产，为黄色液体，黏度为 $27.5Pa\cdot s(25℃)$，固体含量为 100%。

二、检测设备

1) 万能力学试验机(Instron 5582)，长春新特试验机有限公司制造，中国林业科学研究院木材工业研究所研发，用于测试复合材料的力学性能。

2) 电子水浴锅，用于测试复合材料的浸渍剥离性能。

3) 阻抗管(SW422 和 SW477)，北京声望声电技术有限公司制造，中国林业科学研究院木材工业研究所研发，用于测试木质阻尼复合材料的隔声性能，结构如图 5-1 所示。

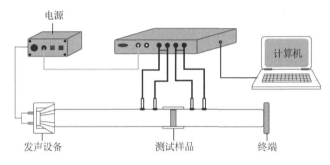

图 5-1　阻抗管测试装置

三、方法及性能测试

(1) 中密度纤维板与阻尼橡胶材料复合

按照设计的热压工艺，中密度纤维板(MDF)与橡胶(R)材料复合试样的结构如图 5-2 所示。

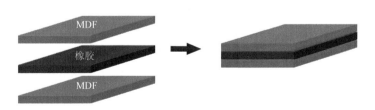

图 5-2　复合试样结构

经前期预试验发现，热压时间、热压压力及涂胶量对复合材料的力学性能与隔声性能均有影响。考虑到 R 材料所能承受的温度及异氰酸酯胶黏剂的固化温度两个因素，最终设置热压温度为 100℃。热压压力过大时，R 材料会向四周伸展，厚度变薄而发生变形；反之，压力过小时，MDF 与 R 材料不能紧密结合，易出现表板脱落及开裂等现象。热压时间直接影响异氰酸酯胶黏剂的固化程度。涂胶量影响复合材料的胶合强度及隔声性能。

采用热压时间、热压压力、涂胶量 3 因素的 3 水平进行全因子试验(表 5-1),以木质阻尼复合材料的力学性能为评价指标,优化热压工艺参数;采用单因子试验,验证工艺参数对木质阻尼复合材料隔声性能的影响。

表 5-1　试验因素与水平

水平	因素		
	热压时间/min	热压压力/MPa	涂胶量/(g/m²)
1	5	3	32
2	10	5	64
3	15	—	96

(2)力学性能测试

按照 GB/T 11718—2009《中密度纤维板》测试木质阻尼复合材料的弹性模量(modulus of elasticity,MOE)、内结合强度(Internal bonding strength,IB)、抗弯强度(modulus of rupture,MOR);浸渍剥离性能按照 GB/T 17657—2013《人造板及饰面人造板理化性能试验方法》Ⅱ类条件进行测试。

(3)隔声性能测试

按照 GB/Z 27764—2011《声学 阻抗管中传声损失的测量传递矩阵法》测试木质阻尼复合材料的隔声性能。

试验设备为阻抗管 SW422 和阻抗管 SW477。大管(SW422)测量试件在 63~1600Hz 的隔声量,试件直径 100mm,厚度 10mm;小管(SW477)测量试件在 1500~6300Hz 的隔声量,试件直径 30mm,厚度 10mm;相同条件下的试样为 3 个,每个试件测量 3 次,计算 3 次测量结果的平均隔声量,再取 3 个试件平均隔声量的平均值为木质阻尼复合材料的平均隔声量。

第二节　各因素对复合材料力学性能影响的分析

一、木质阻尼复合材料的力学性能

木质阻尼复合材料的力学性能测试结果列于表 5-2。

表 5-2　木质阻尼复合材料的力学性能

序号	涂胶量/(g/m²)	热压时间/min	热压压力/MPa	内结合强度/MPa	抗弯强度/MPa	弹性模量/MPa
1	32	5	3	0.85	28.4	3290
2	64	5	3	1.31	30.9	3448

续表

序号	涂胶量/(g/m²)	热压时间/min	热压压力/MPa	内结合强度/MPa	弯曲强度/MPa	弹性模量/MPa
3	96	5	3	1.51	28.1	3121
4	32	5	5	1.44	30.9	3577
5	64	5	5	1.16	32.9	3589
6	96	5	5	1.25	32.8	3606
7	32	10	3	1.29	29.7	3527
8	64	10	3	1.24	30.9	3491
9	96	10	3	1.59	32.6	3555
10	32	10	5	1.24	35.7	3818
11	64	10	5	1.33	34.8	3851
12	96	10	5	1.24	35.7	3818
13	32	15	3	1.11	31.5	3522
14	64	15	3	1.48	33.0	3576
15	96	15	3	1.24	30.7	3363
16	32	15	5	1.25	30.8	3469
17	64	15	5	1.41	34.5	3607
18	96	15	5	1.31	34.4	3639

根据测试结果，木质阻尼复合材料的 IB、MOR、MOE 平均值分别为 1.29MPa、32.1MPa、3548MPa，满足 GB/T 11718—2009 中在干燥状态下使用普通型中密度纤维板（MDF-GP REG）的性能要求；而且测量 IB 时，试件破坏位置均在 MDF 层，表明 MDF 与 R 材料黏接效果非常好。

采用 SPSS23.0 的通用线性模型（GML）进行显著性分析，检验各因素各水平之间的差异及各因素之间交互作用对复合材料力学性能的影响，结果列于表 5-3～表 5-5。

表 5-3　MOE 方差分析及显著性检验

因子	III 型平方和	自由度	均方	F 值	P 值
热压时间	1 215 926.302	2	607 963.151	28.701	0.000
热压压力	1 684 800.794	1	1 684 800.794	79.538	0.000
涂胶量	136 654.540	2	68 327.270	3.226	0.044
热压时间×热压压力	338 067.254	2	169 033.627	7.980	0.001
热压时间×涂胶量	115 217.175	4	28 804.294	1.360	0.253
热压压力×涂胶量	190 181.016	2	95 090.508	4.489	0.013
热压时间×热压压力×涂胶量	237 827.651	4	59 456.913	2.807	0.029
误差	2 287 691.429	108	21 182.328		
总计	12 139.9512	126			
校正总计	6 206 366.159	125			

注：$R^2 = 0.631$（校正 $R^2 = 0.573$）。

表 5-4　MOR 方差分析及显著性检验

因子	III 型平方和	自由度	均方	F 值	P 值
热压时间	144.191	2	72.096	20.563	0.000
热压压力	281.703	1	281.703	80.347	0.000
涂胶量	62.822	2	31.411	8.959	0.000
热压时间×热压压力	44.213	2	22.107	6.305	0.003
热压时间×涂胶量	37.960	4	9.490	2.707	0.034
热压压力×涂胶量	11.543	2	5.772	1.646	0.198
热压时间×热压压力×涂胶量	52.165	4	13.041	3.720	0.007
误差	378.654	108	3.506		
总计	131 140.400	126			
校正总计	1 013.252	125			

注：$R^2 = 0.626$（校正 $R^2 = 0.567$）

表 5-5　IB 方差分析及显著性检验

因子	III 型平方和	自由度	均方	F 值	P 值
热压时间	0.087	2	0.043	6.716	0.002
热压压力	0.000	1	0.000	0.017	0.896
涂胶量	0.514	2	0.257	39.723	0.000
误差	0.582	90	0.006		
总计	182.849	108			
校正总计	3.358	107			

注：$R^2 = 0.827$（校正 $R^2 = 0.794$）

　　方差分析结果表明，热压工艺参数对复合材料的力学性能存在交互作用，因此采用 SPSS 23.0 的 Partial 过程对变量进行偏相关分析，结果列于表 5-6。

表 5-6　各因素对复合材料力学性能影响的偏相关分析

控制变量	力学性能	相关性	显著性（双侧）	自由度
涂胶量	MOE	0.869	0.000	122
	MOR	0.824	0.000	122
	IB	0.896	0.000	104
热压时间	MOE	0.196	0.029	122
	MOR	0.312	0.000	122
	IB	0.112	0.000	104
热压压力	MOE	0.529	0.000	122
	MOR	0.555	0.000	122
	IB	0.006	0.949	104

二、涂胶量对复合材料力学性能影响的分析

表 5-3～表 5-5 结果显示,涂胶量对复合材料 IB、MOR 的影响极显著。表 5-6 表明,涂胶量与复合材料的 IB、MOE、MOR 之间均具有极强的相关性。

随着涂胶量增加,MDF 与橡胶材料之间的胶黏作用更强,木质阻尼复合材料的胶合强度随之增加。但当涂胶量过大时,MDF 与橡胶材料的胶合界面形成过厚的胶层,应力变大,复合材料的韧性变差,力学性能随之下降。

三、热压时间对复合材料力学性能影响的分析

表 5-3～表 5-5 结果显示,热压时间对复合材料的 IB、MOE、MOR 具有极显著影响。但从表 5-6 相关系数可知,热压时间与此 3 项力学性能指标的正相关程度为弱或极弱。在本试验范围内,复合材料的 IB、MOR 和 MOE 随热压时间的延长而增大,但增幅较小,其原因可能是受橡胶材料能承受的温度限制,热压温度仅为 100℃,低于异氰酸酯胶黏剂常规固化温度 150～160℃,不利于异氰酸酯胶黏剂的充分固化。但是,延长热压时间,压力的传递和热量的传导逐渐增强,可以促进异氰酸酯胶黏剂的固化,材料界面之间的胶合强度增大,使得复合材料的 IB、MOE、MOR 有所提升。

四、热压压力对复合材料力学性能影响的分析

热压压力对复合材料 MOE、MOR 的影响极显著(表 5-3～表 5-5),正相关程度均为中等(表 5-6);而对 IB 影响不显著,两者之间无正相关性。

随着热压压力的增加,MDF 与橡胶材料之间紧密贴合,因此复合材料的 MOE、MOR 提高。压力过大时,由于橡胶材料为弹性材料,较软,易发生向四周伸展,厚度变薄而变形;压力过小时,MDF 与橡胶材料不能紧密贴合,由于 MDF 与橡胶材料之间存在一定的空隙,胶黏剂形成具有一定硬度的固化层,影响板材的胶合强度,出现表板脱落现象。

复合材料主要用于隔声门表面,在常温环境条件下使用。按 GB/T 17657—2013 Ⅱ类条件进行浸渍剥离性能测试,所有试样均未出现开裂和分层现象。因此,以满足力学性能为前提,以降低成本、提高生产效率为目标,综合考虑,确定的优化工艺参数为涂胶量 64g/m²、热压时间 10min、热压压力 3MPa。

第三节　各因素对复合材料隔声性能影响的分析

一、热压工艺参数的影响

热压工艺参数对复合材料的隔声性能具有一定的影响，因此按优化的工艺参数，保持其中两个参数不变，再进行单因子试验，分析其对复合材料隔声性能的影响规律。

(一)涂胶量的影响

图 5-3 中三条曲线为热压时间为 5min、热压压力为 3MPa 时涂胶量分别为 $32g/m^2$、$64g/m^2$、$96g/m^2$ 的复合材料的隔声性能测试结果。

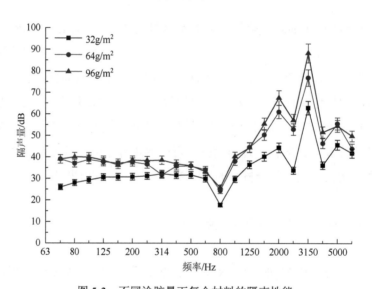

图 5-3　不同涂胶量下复合材料的隔声性能

三种板材的面密度分别为 $1599g/m^2$、$1634g/m^2$、$1706g/m^2$，MOR 分别为 3820MPa、3850MPa、3870MPa。随着涂胶量的增加，材料的面密度增加，隔声性能增强。涂胶量从 $32g/m^2$ 增加到 $96g/m^2$，复合材料的平均隔声量增加了 5dB。到达高频段时，以涂胶量为 $96g/m^2$ 的复合材料的隔声性能最佳。另外，弹性模量越大，复合材料抵抗由声波引起的振动弯曲的能力越强，抑制了板材的共振，在共振频率处的隔声量增加了 7dB。

(二)热压时间的影响

如图 5-4 所示，三条曲线为热压压力为 3MPa、涂胶量为 $64g/m^2$ 时热压时间分别为 5min、10min、15min 的复合材料的隔声性能测试结果。从中可知，3 条曲线的变化趋势趋于一致，说明热压时间对复合材料的隔声性能影响较小。热压时间主要影响复合时异氰酸酯胶黏剂的固化程度，从而影响材料的力学性能。

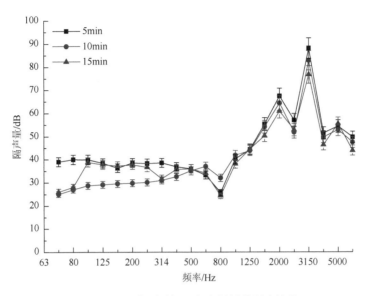

图 5-4 不同热压时间下复合材料的隔声性能

(三) 热压压力的影响

4 种试样的制备参数如下：A、B 的热压时间为 5min，涂胶量为 32g/m², 压力分别为 3MPa、5MPa；C、D 的热压时间为 10min，涂胶量为 64g/m², 压力分别为 3MPa、5MPa。

从图 5-5 中可以看出，热压压力为 3MPa 时，试样的隔声性能相对较好，平均隔声量为 35.6dB。其原因可能是在此压力下，MDF 与阻尼材料紧密结合，夹芯层不会因为压力过大而发生变形。

随着压力的增加，试样的隔声性能并没有随之增加；5MPa 热压压力制备的复合材料隔声量低于 3MPa 的。5MPa 热压压力制备的复合材料整体厚度比 3MPa 的略微变薄，阻尼材料略微变形，可能是其隔声量变小的原因。

二、单元厚度的影响

将 MDF 与 R 材料进行多层复合时，为了更好地优化材料参数，首先研究各组成单元的隔声性能。深入地了解各单元的隔声性能及影响因素，可为木质阻尼复合材料隔声性能研究提供理论基础。单元厚度及密度对木质阻尼复合材料的隔声性能有很大影响。R 材料阻尼性能的大小是评价隔声降噪能力的关键指标。因此影响 R 材料阻尼性能的因素，也是复合材料隔声性能的重要影响因素。根据对 R 材料动态力学性能的分析可知，阻尼降噪能力的大小与 R 材料的厚度密切相关，为探究 R 材料厚度对复合材料隔声性能的影响规律及参数优化提供了理论依据。图 5-6(a)三条曲线分别表示单层 R 材料厚度分别为 0.8mm、1.2mm 及 2.0mm 时的储能模量，储能模量表示 R 材料的刚度或蓄发(储存)的机械能量，可反映材料的回弹力。R 材料回弹力越高，则材料的阻尼降噪能力越强。在 20～36.5℃，R 材料越厚，其储能模量越大。图 5-6(b)显示了 R 的损耗模量，随着 R 厚度增加，损耗模量逐渐增加。损耗因子与损耗模量成正比，损耗模量越大，则 R 材料的损耗因子越大，阻尼性能越好。图 5-6(c)反映了在 20～36.5℃损耗因子随着 R 材料厚度增加

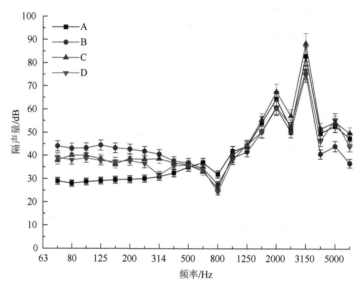

图 5-5　不同热压压力下复合材料的隔声性能

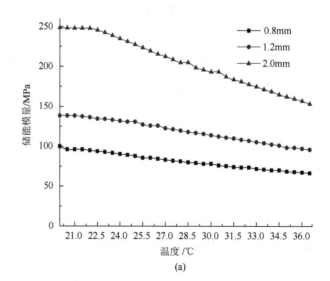

(a)

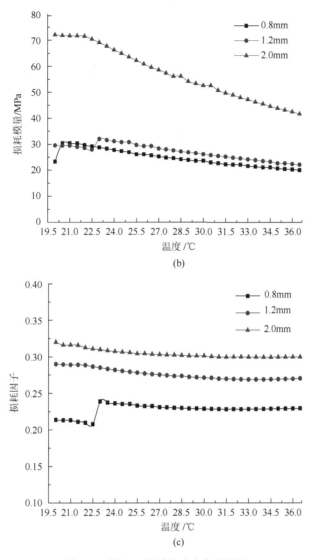

图 5-6 单层 R 材料的动态力学性能

的变化规律。随着 R 材料厚度的增加，损耗因子随之增加。在 R 材料厚度为 2.0mm 时，损耗因子最大。损耗因子是能量损耗程度和阻尼能力的直接量度，因此阻尼材料在使用温度和频率范围内应具有较高的损耗因子和弹性模量。损耗因子和弹性模量越大，材料抵抗由声波引起的弯曲振动的能力就越强，其阻尼降噪能力就越好。

R 材料的隔声性能研究为后文的试验设计提供了一定的理论支撑作用。如图 5-7 所示，三条曲线表示 R 材料厚度分别为 0.8mm、1.2mm、2.0mm 而密度为 2.3g/cm³ 时的隔声性能。R 厚度分别为 0.8mm、1.2mm、2.0mm 而密度为 2.3g/cm³ 时的计权隔声量分别为 21dB、23dB、27dB；R 材料密度分别为 2.0g/cm³、2.5g/cm³ 而厚度为 2.0mm 时的计权隔声量分别为 27dB、28dB。R 材料密度相同，随着厚度的增加，隔声性能也随之增加。R

材料厚度相同时，3 种密度 R 材料的隔声性能曲线趋于一致。R 材料的密度对其隔声性能的影响不显著。R 材料的共振频率出现在 400Hz，此时隔声量从 32dB 下降到 5dB，隔声性能较差。由于 R 材料弹性模量较小，强度较低，以及在共振频率处隔声性能较差，不能单独作为隔声建筑材料使用。

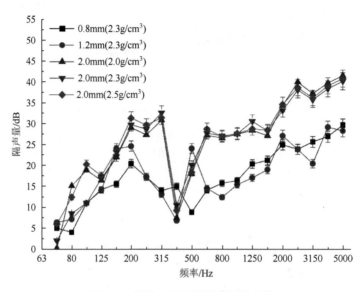

图 5-7　单层 R 材料的隔声性能曲线

MDF 的动态弹性模量、损耗因子是评价声学性能的重要指标之一。MDF 厚度分别为 1.5mm、2.0mm、2.5mm 时的动态力学性能如图 5-8 所示。从中可知，1.5mm 厚 MDF 的储能模量最大，2.0mm 厚 MDF 的损耗模量及损耗因子最大。MDF 的损耗模量及损耗因子与其厚度不呈线性关系，2.0mm 厚 MDF 的阻尼性能较好。

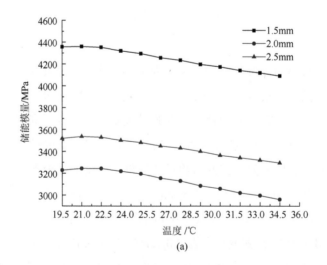

(a)

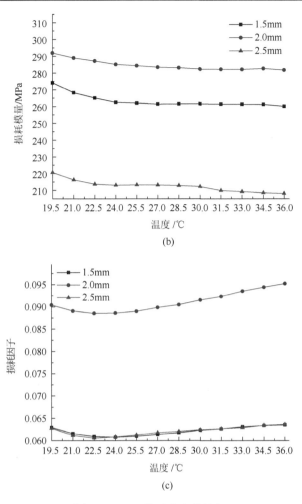

(b)

(c)

图 5-8 MDF 的动态力学性能

图 5-9 为不同厚度单层 MDF 的隔声性能曲线，将该曲线与计权隔声量 R_w 的标准曲线相比较，确定 4 种不同厚度 MDF 的计权隔声量。随着 MDF 厚度增加，共振频率向高频移动，共振频率处的隔声量增加及临界频率向低频移动。单层 MDF 的阻尼性能比较弱，损耗因子较低，抵抗由声波引起的弯曲振动的能力较弱。单层 MDF 的面密度较小，隔声性能差，因此不宜单独用作隔声材料。

在单层 MDF 与木质阻尼复合材料厚度及面密度相等的条件下，比较两种材料的隔声性能。如图 5-10 所示，在整个频率范围内，复合材料的隔声性能优于单层 MDF。单层 MDF 的计权隔声量为 28dB，MDF/R 复合材料的计权隔声量为 37dB，增加了 9dB。在低频范围内，R 材料的加入抑制了板材的共振及提高了共振频率处的隔声性能。同时 R 材料的加入抑制了复合材料的共振及吻合效应，使得吻合谷变浅，隔声性能增加。验证了将单层木质材料与高分子橡胶材料复合具有一定的意义，既解决了木质材料隔声性能差的不足，又拓宽了木质材料及橡胶材料的应用范围，为进一步对木质阻尼复合材料隔声性能研究奠定了基础、开拓了思路。

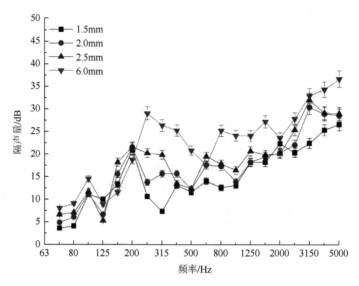

图 5-9　MDF 的隔声性能曲线

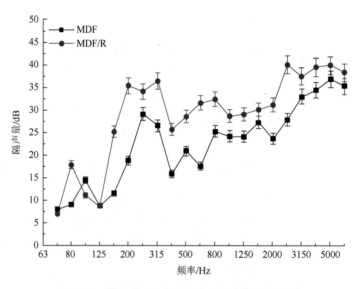

图 5-10　单层 MDF 与 MDF/R 隔声性能的对比

图 5-11 中三条曲线反映了木质阻尼复合材料的隔声性能与 MDF 厚度的关系。MDF 厚度为 1.5mm 时计权隔声量为 35dB，厚度为 2.5mm 时计权隔声量为 41dB，计权隔声量增加了 6dB。MDF 厚度增加，复合材料的刚度增加，且刚度增加的幅度远远大于密度，面密度从 7.5kg/m² 增加到 9.2kg/m²，增加了 22.7%，而刚度从 0.5011 增加到 0.8979，

增加了 79%。在低频范围内，复合材料隔声性能受到自身刚度的控制，此时隔声性能受到面密度和阻尼性能的影响较小。随着刚度增加，隔声性能随之增加。当频率再升高，质量开始起作用，此时在刚度和质量共同作用下板材将出现一系列的共振频率。在 63～400Hz，复合材料出现两次共振，分别在 100Hz 和 400Hz。随着 MDF 厚度增加，共振频率处的隔声量增加。500～1250Hz 频率段为质量控制区，随着 MDF 厚度的增加，复合材料隔声性能增加的幅度比低频段增加的幅度小。主要原因是面密度增加幅度小于刚度增加幅度。到达高频段时，隔声性能主要受到阻尼性能的影响。

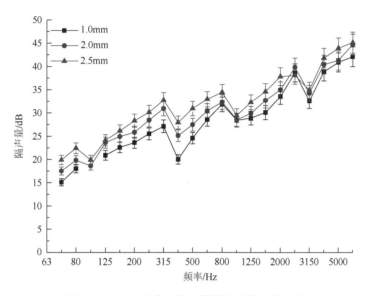

图 5-11　MDF 厚度对复合材料隔声性能的影响

MDF 厚度分别为 1.5mm、2.0mm、2.5mm 时的动态力学性能如图 5-12 所示。从中可知，MDF 厚度增加，其动态力学性能的变化不呈线性。MDF 厚度为 2.0mm 时的储能模量、损耗模量及损耗因子较高，MDF 厚度为 2.5mm 时的储能模量、损耗模量及损耗因子小于厚度为 1.5mm 时。随着 MDF 厚度增加，在高频范围内，三种厚度 MDF 的隔声性能曲线趋于一致。因此 MDF 厚度一度增加，反而不利于对高频噪声的阻隔。

图 5-13 显示了 R 材料厚度对木质阻尼复合材料隔声性能的影响。R 材料厚度从 0.8mm 增加到 2.0mm 时，复合材料的计权隔声量从 30dB 增加到 37dB，增加了 7dB。与增加 MDF 厚度相比，增加 R 材料厚度，隔声性能增幅较大。

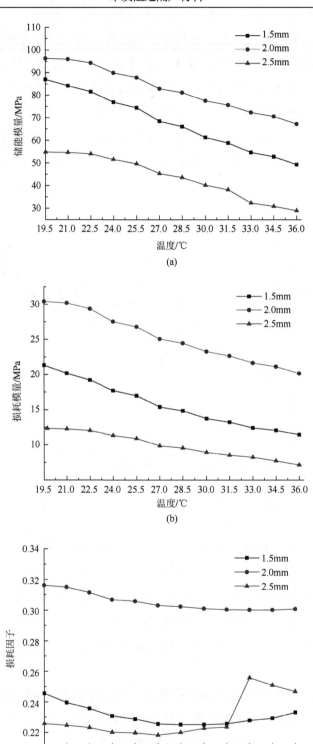

图 5-12　MDF 的动态力学性能

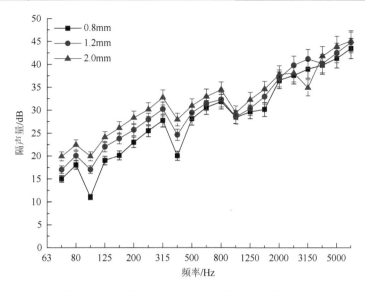

图 5-13　R 材料厚度对复合材料隔声性能的影响

如表 5-7 所示，R 材料厚度从 0.8mm 增加到 2.0mm，面密度从 5.4kg/m² 增加到 8.4kg/m²，增加了 55.6%。低频段为刚度控制区，复合材料的隔声性能主要受刚度的控制，刚度越大，复合材料隔声曲线的斜率越大，增加幅度越高。频率再升高进入质量与刚度共同控制区，复合材料出现了一系列的共振频率。随着 R 材料厚度的增加，抑制了复合材料的共振，共振频率处的隔声量也随之增加。在 400~1250Hz，随着面密度的增加，复合材料的隔声性能增加。频率越过质量控制区到达高频段时，隔声性能主要受到质量与阻尼性能共同控制。

从图 5-14 可知，复合材料随着 R 材料厚度从 0.8mm 增加到 2.0mm，损耗因子从 0.095 增加到 0.15，因此复合材料的阻尼性能增加。由于高频噪声振动速度较快，很难进入材料内部，因此在高频段，随着 R 材料厚度的增加，三条耗损因子曲线趋于一致。

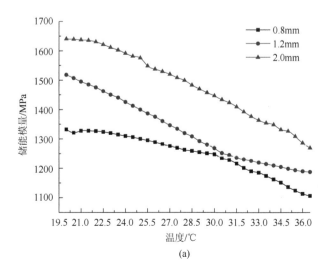

(a)

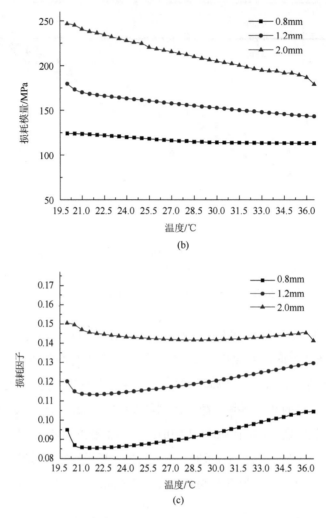

(b)

(c)

图 5-14　R 材料厚度不同的木材阻尼复合材料的动态力学性能

三、阻尼材料密度的影响

图 5-15 为 R 材料密度对木质阻尼复合材料隔声性能的影响。随着 R 材料密度从 2.0g/cm³ 增加到 2.5g/cm³，复合材料的计权隔声量从 36dB 增加到 37dB，增加了 1dB。R 材料密度增加，复合材料的隔声性能增强不明显，此结论与国内外研究结论相一致。

如表 5-7 所示，随着 R 材料密度增加，复合材料面密度、刚度、弹性模量增加的幅度比较小。R 材料密度从 2.0g/cm³ 增加到 2.5g/cm³，共振频率 400Hz 处的隔声量从 21.4dB 增加到 28.3dB。R 材料密度对复合材料的动态力学性能具有一定的影响。

从图 5-16 可知，R 材料密度越小，复合材料的储能模量越大；R 材料密度越大，复合材料的损耗模量越小；R 材料密度为 2.3g/cm³ 时，复合材料的损耗因子最大，阻尼性能较好，可抑制吻合效应，使临界频率向高频移动，隔声性能增加。

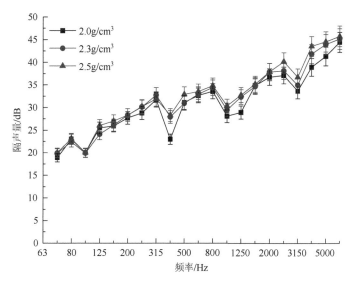

图 5-15　R 材料密度对复合材料隔声性能的影响

表 5-7　复合材料的弹性模量、面密度、刚度

试样编号	弹性模量/MPa	面密度/(kg/m²)	刚度/(N/m)
1	4043	7.5	0.5011
2	3801	8.4	0.6842
3	3666	9.2	0.8979
4	3364	5.4	0.3100
5	3552	6.7	0.4162
6	3801	8.4	0.6842
7	3799	8.1	0.6838
8	3801	8.4	0.6842
9	3811	8.1	0.6845

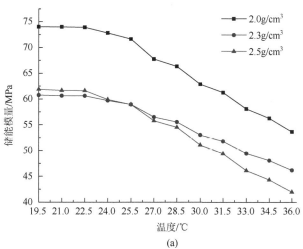

(a)

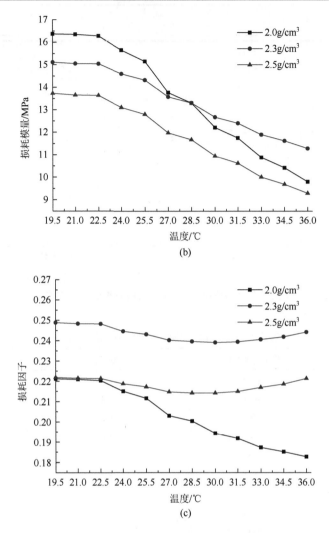

图 5-16 阻尼材料密度不同的木材阻尼复合材料的动态力学性能

　　根据以上参数不同材料的隔声性能曲线对比，证明了以 MDF 厚度、R 材料厚度和密度作为优化指标是可行的。为了确定各参数对隔声性能的影响程度，采用 SPASS24.0 分析材料参数对复合材料隔声性能影响的显著性与二者的相关性。表 5-8 为 MDF 厚度、R 材料厚度和密度三个因素对木质阻尼复合材料隔声性能影响的方差分析及显著性检验。P 值大于 0.05 时，表明该影响因子对因变量的影响不显著。从表 5-8 可以看出，R 材料密度对复合材料隔声性能的影响不显著。R 材料厚度及 MDF 厚度对复合材料隔声性能的影响极显著。

　　通过偏相关性分析 (表 5-9) 可知，MDF 厚度与隔声性能呈强正相关，偏相关系数为 0.409；R 材料厚度与复合材料的隔声性能呈极显著正相关，偏相关系数为 0.979；R 材料密度对复合材料隔声性能的影响不显著，偏相关系数为 0.106。根据偏相关性分析结果可知，R 材料厚度对复合材料隔声性能的影响极显著。提高 R 材料厚度，可更有效地提高复合材料的隔声性能。

表 5-8　传递损失量方差分析结果

来源	Ⅲ型平方和	自由度	均方值	F 值	P 值
校准模型	226.778a	26	8.722	515.694	0.000
截距	64 239.719	1	64 239.719	3 798 114.752	0.000
MDF 厚度	10.365	2	5.182	306.401	0.009
R 材料厚度	207.248	2	103.624	6 126.686	0.000
R 材料密度	3.046	2	1.523	90.051	0.348
误差	0.913	54	0.017		
总计	64 467.410	81			
校正总计	227.691	80			

注：$R^2 = 0.996$（校正 $R^2 = 0.994$）。

表 5-9　各因子对复合材料隔声性能影响的偏相关分析

参数	控制变量		偏相关系数
R 材料厚度×R 材料密度	MDF 厚度	相关系数	0.409
		显著性（双侧）	0.018
		自由度	77
R 材料密度×MDF 材料厚度	R 材料厚度	相关系数	0.979
		显著性（双侧）	0.000
		自由度	77
MDF 厚度×R 材料密度	R 材料密度	相关系数	0.106
		显著性（双侧）	0.347
		自由度	77

四、隔声性能验证

结合复合材料隔声性能的检测结果，进一步优化工艺参数为涂胶量 64g/m²、热压压力 3MPa、热压时间 10min。按此条件制备复合材料试样（MDF/R），其与 MDF 的隔声性能比较如图 5-17 所示。从中可知，复合材料的隔声性能优于同等厚度的 MDF。复合材料既拥有木质材料的优点，又解决了木质材料隔声性能差的不足。

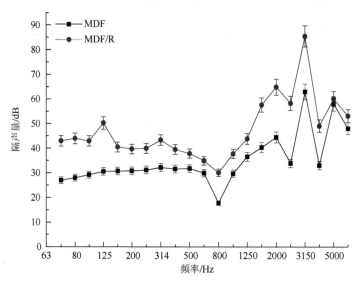

图 5-17　MDF 与 MDF/R 的隔声性能对比

第四节　小　　结

　　木质材料与阻尼材料利用异氰酸酯胶黏剂在一定的涂胶量、热压时间、热压压力条件下进行复合是可行的。对热压时间、热压温度及涂胶量进行全因子试验，通过方差法分析其对复合材料力学性能和隔声性能的影响规律，具体结论如下。

　　1) 涂胶量对复合材料 IB、MOR 的影响极显著；涂胶量与复合材料的 IB、MOE、MOR 之间均具有极强的相关性。随着涂胶量增加，MDF 与 R 材料之间的胶黏作用更强，两者的胶合强度随之增加。当涂胶量过大时，MDF 与 R 材料的胶合界面形成过厚的胶层，应力变大，复合材料的韧性变差，力学性能随之下降。涂胶量对木质阻尼复合材料的隔声性能影响较大，随着涂胶量增加，其隔声性能增加。

　　2) 合理的热压时间可以提高材料的隔声性能，涂胶量少时，可以通过增加热压时间使 MDF 与 R 材料紧密贴合，使得阻尼材料充分发挥它的阻尼性能，因此隔声性能提高。热压时间控制为 10min，力学性能及隔声性能较佳。

　　3) 热压压力对板材的隔声性能及芯层 R 材料的厚度有很大的影响，随着热压压力增加，由于芯层阻尼材料具有弹性，因此逐渐变薄，密度减小，板材整体的厚度变小，面密度减少，R 材料的损耗因子降低，导致板材的隔声性能下降。压力过小时，MDF 与 R 材料黏结紧密性不好，R 材料不能完全发挥它的阻尼作用，隔声性能下降。热压压力控制为 3MPa 时，板材的形状保持完好及隔声性能最佳。

　　4) 确定的优化复合工艺参数为涂胶量 64g/m²、热压压力 3MPa、热压时间 10min，在此条件下制备的木质阻尼复合材料的力学性能指标满足 GB/T 11718—2009 中在干燥条件下使用 MDF-GP REG 的性能要求及隔声性能较佳。

参 考 文 献

常冠军. 2012. 粘弹性阻尼材料[M]. 北京：国防工业出版社.

中华人民共和国国家质量监督检验检疫总局，中国国家标准化管理委员会. 2009. 中密度纤维板：GB/T 11718—2009[S]. 北京：中国标准出版社.

中华人民共和国国家质量监督检验检疫总局，中国国家标准化管理委员会. 2011. 声学　阻抗管中传声损失的测量传递矩阵法：GB/Z27764—2011[S]. 北京：中国标准出版社.

中华人民共和国国家质量监督检验检疫总局，中国国家标准化管理委员会. 2014. 人造板及饰面人造板理化性能试验方法：GB/T 17657—2013[S]. 北京：中国标准出版社.

第六章 总 结

　　木质材料具有天然特性，被广泛用作室内装修材料。由于人们对室内声学环境的要求越来越高，因此对木质材料的隔声性能进行研究具有重要的意义。为了提高木质材料的隔声性能，避免增加材料的重量及厚度，结合隔声材料的隔声机理、阻尼材料的阻尼降噪机理及多孔材料的吸声机理，将木质材料与橡胶材料复合，获得的木质阻尼复合材料再与吸声材料复合，所得产品的隔声性能优于同等厚度的单层木质材料。本研究借鉴金属阻尼复合结构的隔声机理，从霍夫（Hoff）夹层板理论及多层复合结构材料的隔声机理研究入手，设计材料及结构参数，分析材料及结构参数与隔声性能之间的关系，从而揭示不同因素对隔声性能的影响规律。通过优化热压工艺参数、材料参数及结构设计，使得复合结构材料的力学性能及隔声性能达到最优，获得一种兼具吸声、阻尼与隔声性能的新型木质复合材料。将获得的新型木质阻尼复合材料用作门的面板材料，可改善普通木质门的隔声性能，实现了木质阻尼复合材料的实际应用。

　　本研究根据木质材料的热压工艺，首先将中密度纤维板（MDF）和橡胶（R）材料按照试验设计的热压工艺参数进行复合。采用方差法分析了热压工艺参数对木质阻尼复合材料力学性能与隔声性能的影响规律。最终优化了热压工艺参数，使板材不仅具有满足使用要求的力学性能，而且具有较佳的隔声性能。其次对木质阻尼复合材料的隔声性能进行深入研究。在优化的热压工艺参数基础上，探究了材料参数对隔声性能的影响。采用小混响室-消声箱法测试了复合材料的隔声性能，利用 SPSS 软件分析了 MDF 厚度、R 材料厚度和密度、损耗因子对隔声性能的影响规律。在获得较佳材料参数的前提下，保持复合材料的厚度及重量不变，通过复合结构设计提高了木质阻尼复合材料的隔声性能。最后将获得的新型木质阻尼隔声材料在木质门中实际应用，验证了此复合材料的隔声性能。主要结论如下。

　　1）制备工艺的热压时间、热压压力及涂胶量对力学及隔声性能均具有一定的影响。热压时间的长短影响胶黏剂的固化程度，延长热压时间，胶黏剂充分固化，复合材料的胶合强度较佳。热压时间延长，R 材料与 MDF 贴合更加紧密，R 材料可以充分发挥其阻尼性能，从而提高复合材料的隔声性能。热压压力对复合材料的 MOR、MOE 具有极显著的影响，偏相关系数分别为 0.555、0.529。热压压力对 IB 的影响不显著。当热压压力过大时，芯层 R 材料厚度变薄，导致板材的隔声量降低 2～3dB。涂胶量对 MOE、MOR、

IB 的影响极显著,偏相关系数分别为 0.869、0.824、0.896。涂胶量从 32g/m² 增加到 96g/m²,平均隔声量增加了 4dB。通过方差分析,最终确定热压工艺参数为热压时间 10min、热压压力 3MPa、涂胶量 64g/m²,获得的材料满足板材使用的力学性能要求及具有较佳的隔声性能。

2)MDF 厚度对木质阻尼复合材料的隔声性能具有极显著的影响。当 MDF 厚度从 3.0mm 增加到 5.0mm 时,计权隔声量增加了 6dB。MDF 厚度增加,板材刚度增加,抑制了板材的共振。R 材料厚度对隔声性能具有极显著影响,偏相关系数为 0.979。当 R 材料厚度从 0.8mm 增加到 2.0mm 时,计权隔声量增加了 7dB。R 材料密度对隔声性能的影响不显著,R 材料密度增加,木质阻尼复合材料的计权隔声量变化较小。根据方差分析,确定的优化材料参数为 MDF 厚度 2mm、R 材料厚度 2mm、R 材料密度 2.3g/cm³,所获得的复合材料重量较轻、隔声性能最佳。

3)非对称结构有效地抑制了复合材料的共振,其在共振频率处的隔声量增加了 3～4dB。在 5 层结构中,当两层橡胶材料密度不同时,隔声性能较好。当 R 材料从 0 层增加到 2 层时,计权隔声量增加了 15dB。由于 R 材料层数增加,损耗因子增加,阻尼降噪能力增强。自由阻尼结构的计权隔声量为 26dB,约束阻尼结构的计权隔声量为 32dB,增加了 6dB。将获得的木质阻尼复合材料与吸声材料复合,对比了玻璃纤维吸声板、聚酯纤维吸声板及三聚氰胺吸声棉三种材料对复合结构隔声性能的影响,最终确定以三聚氰胺吸声棉作为填充吸声材料。吸声材料的填充方式对隔声性能也具有很大的影响,吸声材料与空气层相配合时,隔声性能较佳。填充结构为 BU 时隔声性能较优。当多孔材料的厚度增加时,复合结构的隔声性能增强。最终确定的材料参数及结构:MDF 厚度 2mm,约束阻尼结构,上下 MDF 厚度相等且呈对称排布,多孔材料的填充形式为 BU 结构,填充 10mm 的三聚氰胺吸声棉及 5mm 的空气层。

4)木质阻尼复合隔声门的隔声性能优于普通木质门。普通木质门的计权隔声量为 19dB,木质阻尼复合隔声门的计权隔声量为 31dB,增加了 12dB。